受得小气，则不至于受大气；吃得小亏，则不至于吃大亏。

不生气你就赢了：

别让你的人生输在情绪上

连 山 / 编著

吉林文史出版社
JILINWENSHICHUBANSHE

图书在版编目（CIP）数据

不生气你就赢了：别让你的人生输在情绪上 / 连山
编著 . -- 长春 : 吉林文史出版社 , 2018.11（2021.12重印）

ISBN 978-7-5472-5776-0

Ⅰ. ①不… Ⅱ. ①连… Ⅲ. ①情绪—自我控制—通俗

读物 Ⅳ. ①B842.6-49

中国版本图书馆 CIP 数据核字（2018）第 263830 号

不生气你就赢了：别让你的人生输在情绪上

出 版 人　张　强

编　 著　连　山

责任编辑　弭　兰

封面设计　韩立强

插图绘制　叶运清

封面供图　摄图网

出版发行　吉林文史出版社有限责任公司

地　　址　长春市净月区福祉大路5788号出版大厦

印　　刷　天津海德伟业印务有限公司

开　　本　880mm×1230mm　1/32

印　　张　6

字　　数　120千

版　　次　2018年11月第1版

印　　次　2021年12月第3次印刷

书　　号　978-7-5472-5776-0

定　　价　32.00元

生活中，我们往往会为了一些人和事生气：当我们工作不顺心的时候，我们会生气；当我们被别人误解的时候，我们会生气；当我们看到不顺眼的做法的时候，我们会生气；当我们无法接受一些社会舆论时，我们会生气；此外还会为塞车、为天气、为股票、为别人的态度、为自己的遭遇等生出种种怒气、闷气、闲气、怨气、赌气、小气、窝囊气，仿佛我们的人生总有生不完的气。然而生了气之后，问题就消失了吗？不，生的气越大，局面反而会更加恶化，甚至一发不可收拾。因生活遭受磨难而生气的人，只会每天愁眉不展、更加穷困潦倒；因得不到升迁和重用而生气的人，只会牢骚满腹、惹得人人侧目，以致完全失去被扶起来的可能性；因与别人话不投机而生气的人，气的是自己，伤的同样是自己。生气让我们在工作、生活和待人接物上损失极大，不仅让我们变得烦躁，而且使我们的心胸越来越狭窄。我们生活的质量取决于我们对生活是否有平和的态度，而生气浪费了我们最宝贵的资本。

人们常说："别动气，动气就损了精气；别生气，生气就坏了元气；别斗气，斗气就伤了和气；宜忍气，忍气便能神气。"其实，一切情绪都来源于我们自身，要知道，我们自己是一切情绪的创造者，没有你的同意谁也别想让你生气。因此，与其让别人的错误来惩罚自己，还不如给别人台阶下，或者就当是过眼云烟，一笑了事罢了。这样，既不伤害自己的身体，又能保持良好的心境和人际关系，何乐而不为呢？在生气之际，如果我们能这样开导自己："我们不是为了生气而工作的"、"我们不是为了生气而结交朋友的"、"我们不是为了生气而谈情说爱的"、"我们不是为了生气而做夫妻的"、"我们不是为了生气而生儿育女的"、"我们不是为了生气而活着的"，那么我们就会为烦恼的心情辟出另一番安详。诚然，我们不可能像圣人那样做到完全无贪无嗔无痴，但是我们可以学习不生气的智慧，在人生低谷时奋起，在痛苦时不去计较，在愤怒时选择冷静，在执迷时敢于放弃，在贪婪时懂得节制，在受辱时能够宽容，在争执时懂得忍让，在遭遇死角时懂得变通，在失意时学会忘记，时时用感恩的心看待世界，用感恩的心做人做事，这样我们就能远离生气，不再让生气损害我们的身心，而以积极健康的心态面对人生。

目 录
CONTENTS

第三章　把吃苦当成吃补，所有磨难都是营养

第六章　一切阻碍都是线索，所有陷阱都是路径

第一章

优秀的人，
从来不会输给情绪

BU SHENGQI
NI JIU YING LE：
BIE RANG NI DE RENSHENG
SHU ZAI QINGXU SHANG

生气是拿别人的过错来惩罚自己

一位智者说过，生气是用别人的过错来惩罚自己的愚蠢行为。

从前，有一个妇人，常常为一些琐碎的小事生气。她也知道自己这样不好，便去求一位高僧为自己说禅解道，开阔心胸。

高僧听了她的讲述，一言不发地把她领到一座禅房中，落锁而去。妇人气得跳脚大骂，骂了许久，高僧也不理会。妇人又开始哀求，高僧仍置若罔闻。妇人终于沉默了。

高僧来到门外，问她："你还生气吗？"

妇人说："我在生自己的气，我怎么会到这地方来受这份罪。"

"连自己都不原谅的人怎么能心如止水？"高僧拂袖而去。

过了一会儿，高僧又来问她："还生气吗？"

"不生气了。"妇人说。

"为什么？"

"气也没有办法呀。"

"你的气并未消失，还压在心里，爆发后将会更加剧烈。"高僧又离开了。

高僧第三次来到门前，妇人告诉他："我不生气了，因为不值得生气。"

"还知道值不值得，可见心中还有衡量，还是有气根。"高僧笑道。

当高僧的身影迎着夕阳立在门外时，妇人问高僧："大师，什么是气？"高僧将手中的茶水倾洒于地。妇人视之良久，顿悟。叩谢而去。

何苦要气？气便是别人吐出而你却接到口里的那种东西，你吞下便会反胃，你不看它时，便会消散了。人生苦短，幸福和快乐尚且享受不尽，哪里还有时间去生气呢？人的一生难免会有不如意的事情，但不能动辄生气，将自己的精力耗费在不必要的事情上。

二十世纪三四十年代，一直敏于行、讷于言的巴金先生，也曾受过无聊小报、社会小人的谣言攻击。巴金先生有一句斩钉截铁的话："我唯一的态度，就是不理！"因为受害者若起而反击，"小人"反倒高兴了，以为他们编造的谣言发生了作用。

学者胡适先生在给友人的一封信中写道："我受了十余年的骂，从来不怨恨骂我的人。有时他们骂得不中肯，我反替他们着急；有时他们骂得太过火，反损骂者自己的人格，我更替他们不

安。如果骂我而使骂者有益，便是我间接于他有恩了，我自然很情愿挨骂。"

巴金、胡适面对他人的辱骂所表现出的平静、幽默、宽容，不失为排除心理困扰、享受慢生活的妙药良方。

_____

无明怒火三千丈，唯伤人害己

遇到事情容易生气的人不仅很不利于自己解决问题，周围的人也会对其产生反感。在生活中我们总是会发现人们更愿意和那些比较随和一些的人打交道，而不是那些动不动就脸红脖子粗的人。

公共汽车上人不多，但也没有空位子，有几个人还站着，吊在拉手上晃来晃去。一个年轻人，身旁有几个大包，手里拿着一个地图在认真研究着，眼里不时露出茫然的神色。他犹豫了半天，很不好意思地问售票员："去颐和园应该在哪儿下车啊？"售票员是个短头发的小姑娘，正剔着指甲缝呢。她抬头看了一眼小伙儿，说："你坐错方向了，应该到对面往回坐。"要说这些话也没什么错，小伙儿下站下车到马路对面去坐也就是了！但是售票员可没说完，她又说："拿着地图都看不明白，还看个什么劲儿啊！"

外地小伙儿可是个有涵养的人，他"嘿嘿"笑了笑。旁边有个大爷可听不下去了，他对外地小伙儿说："你不用往回坐，再往前坐四站换 331 路能到。"要是他说到这儿也就完了，那还真不错，既帮助了别人，也挽回了北京人的形象。可大爷又说了一句："现在的年轻人哪，没一个有教养的！"

站在大爷旁边的一位小姐不爱听了："大爷，不能说年轻人都没教养吧，没教养的毕竟是少数嘛！"这位小姐显得真有教养——要不是又说了那最后一句话，"就像您这样上了年纪看着挺慈祥的，不也有很多不干好事的吗？"

马上就有几个老年人指责起了那位小姐……

这么吵着闹着车可就到站了。车门一开，售票员小姑娘说："都别吵了，该下车的赶快下车吧，别把自己正事儿给耽误了……再吵下去车可不走了啊！烦不烦啊！"

烦！不仅她烦，所有乘客都烦了！骂售票员的，骂外地小伙儿的，骂那位小姐的，骂天气的……别提多热闹了！

那个外地小伙儿一直没有说话，最后他实在受不了了，大叫道："别吵了！都是我的错，我自己没看好地图，让大家跟着都生一肚子气！大家就算给我个面子，都别吵了行吗？"听到他这么说，当然车上的人都不好意思再吵了，声音很快平息下来。可谁也想不到这小伙儿又来了一句话，"早知道都是这么一群不讲理的人，我还不如不来呢！"

这个故事让人看了不禁发笑，却又是我们在生活中常常遇到的事情。我们常常因为一些对自己不利的事情而生闷气，为什么老板总不给涨工资，为什么丈夫总是不理解自己，朋友为什么会在关键的时刻明哲保身，等等。这些事情会让我们的头脑一下子火药味十足。但这样的生气毫不利于解决任何问题，反而会让我们的头脑不清醒，甚至会做出一些让自己后悔终身的事情来。所以当你生气的时候尽量克制一下自己，重要的是找出解决问题的方法，而不是追究谁为什么这样，伤神也伤身。

那些因为生气而发生的无谓的争执是毫无必要的，重要的是不要用生气不断地惩罚自己。

火气太大，难免被列入作恶者之中

凡事不要冒火，不要记恨。看见公交车上年轻的小伙子旁边站着一个孕妇，可是那小伙子却丝毫没有让座的意思；看见恶人亨通，明明就没有好的品德，却能够吃好喝好……我们常常恼火，甚至于对自己的家人都不能心平气和地说话。可是，当我们心怀不平的时候，一定要把火气压下去。即便你认为自己的理由很充分，但是发火并不是解决问题的最好方法。

罗斯福深得其子女的爱戴，这是众所周知的。有一次，罗斯福的一位老友垂头丧气地来找罗斯福，诉说他的小儿子居然离家出走，到姑母家去住了。这男孩本来就桀骜不驯，这位父亲把儿子说得一无是处，又指责他跟每个人都处不好。

罗斯福回答说："胡说，我一点儿都不认为你儿子有什么不对。不过，一个人如果在家里得不到合理的对待，他总会想办法由其他方面得到的。"

几天后，罗斯福无意中碰到那个男孩，就对他说："我听说你离家出走，是怎么回事？"男孩回答："是这样的，每次我有事找爸爸，他都会发火。他从不给我机会讲完我的事，反正我从来没有对过，我永远都是错的。"

罗斯福说："孩子，你现在也许不会相信，不过，你父亲才真正是你最好的朋友。对他来说，你是这世上最重要的人。"

"也许吧！不过我真的希望他能用另一种方式来表达。"

接着罗斯福去告诉那位老友，发现几乎令其惊讶的事实，他果然正如其儿子所形容的那样暴跳如雷。于是，罗斯福说："你看！如果你跟儿子说话就像刚才那样，我不奇怪他要离家出走，我还觉得奇怪他怎么现在才出走呢？你真是应该跟他好好谈一谈，心平气和地跟他沟通才是。"

跟孩子沟通需要的是耐性，因为孩子很少能理智地面对问题，如果我们强硬地表达自己的想法，那么等来的肯定是他们的不理解，并且很可能会加重他们的叛逆思想。当孩子对我们的不满越积越多的时候，在他们的眼里，我们也就成了恶人，再没有办法走入他们的世界了。

同理，在处理事情的时候，如果不能冷静地分析其中的缘由，提供解决问题的办法，而单单用呵斥和责骂来表达你的情绪时，很可能会招致对方的不满。尽管当时对方可能没有表达对你的恨意，可是时间久了，他们也可能对你的反感与日俱增。

火气越大的人越容易发怒，而愤怒常常让人失去了理智。如果长期被这种情绪所控制，不仅会损害我们的身体，还可能在心理上形成焦躁、恼恨、嫉妒、粗暴等情绪，让我们的生活从此失去谦和的香气。

试想，如果一个人总是粗暴的对待别人，经常嫉恨别人，那么还会有人愿意跟他相处吗？所以，我们要适时控制自己的火气，别因为一时的冲动将自己打入恶者的行列。

暴躁是发生不幸的导火索

一个人性格暴躁的最直接表现就是非常容易愤怒，因此，愤怒是一种很常见的情绪，特别是年轻人。比如，血气方刚的小伙子，他们往往三两句话不对，或为了一点儿芝麻绿豆大的事情就大打出手，造成十分严重的后果。

其实，愤怒是一种很正常的情绪。它本身不是什么问题，但如何表达愤怒则是个问题。有效地表达愤怒会提高我们的自尊感，使我们在自己的生存受到威胁的时候能勇敢地战斗。

脾气暴躁，经常发火，不仅是强化诱发心脏病的致病因素，而且会增加患其他病的可能性，它是一种典型的慢性自杀。因此为了确保自己的身心健康，必须学会控制自己，克服爱发脾气的坏毛病。

如何有效地抑制生气和不友好的情绪呢？这主要在于自己的修养和来自亲人及朋友的帮助与劝慰。实验证明，在行为方式有改善的人中，死亡率和心脏病复发率会大大下降。为了控制或减少发火的次数和强度，必须对自己进行意识控制。当愤愤不已的情绪即将爆发时，要用意识控制自己，提醒自己应当保持理性，还可进行自我暗示："别发火，发火会伤身体。"有涵养的人一般能控制住自己。同时，及时了解自己的情绪，还可向他人求得帮助，使自己遇事能够有效地克制愤怒。只要有决心和信心，再加上他人对你的支持、配合与监督，你的目标一定会达到。

一般来说，性格暴躁的人都有如下的一些表现：

1. 情绪不稳定。他们往往容易激动。别人的一点儿友好的表示，他们就会将其视为知己；而话不投机，就会怒不可遏。

2. 多疑，不信任他人。暴躁的人往往很敏感，对别人无意识的动作，或轻微的失误，都看成是对他们极大的冒犯。

3. 自尊心脆弱，怕被否定，以愤怒作为保护自己的方式。有的人希望和别人交朋友，而别人让他失望了，他就给人家强烈的羞辱，以挽回自己的自尊心。这同时也就永远失去了和这个人亲近的机会。

4. 没有安全感，怕失去。

5. 从小受娇惯，一贯任性，不受约束，随心所欲。

6. 以愤怒作为表达情感的方式。有的人从小父母的教育模式就是打骂，所以他也学会了将拳头作为表达情绪的唯一方式。甚至有时候，愤怒是表达爱的一种方式。

7. 将别处受到的挫折和不满情绪发泄在无辜的人身上。

应当说，脾气是一个人文化素养的体现。大凡有文化、有知识、有修养者，往往待人彬彬有礼，遇事深思熟虑，冷静处置，依法依规行事，是不会轻易动肝火的。而大发脾气者，大多是缺乏文化底蕴的人，他们似干柴般的思想修养，遇火便着，任凭自己的脾气脱缰奔驰，直至撞墙碰壁，头破血流，惹出事端。所以，情绪容易暴躁的人，提高自己的素质修养刻不容缓。

下面的八条措施将帮助你完成改变暴躁性格这一心理、生理转变过程，臻于性格的完善。

1. 承认自己存在的问题。请告诉你的配偶和亲朋好友，你承认自己以往爱发脾气，决心今后加以改进，希望他们对你支持、配合和督促，这样有利于你逐步达到目的。

2. 保持清醒。当愤愤不已的情绪在你脑海中翻腾时，要立刻提醒自己保持理性，你才能避免愤怒情绪的爆发，恢复清醒和

理性。

3. 推己及人。把自己摆到别人的位置上，你也许就容易理解对方的观点与举动了。在大多数场合，一旦将心比心，你的满腔怒气就会烟消云散，至少觉得没有理由迁怒于人。

4. 诙谐自嘲。在那种很可能一触即发的危险关头，你还可以用自嘲解脱。"我怎么啦？像个3岁小孩，这么小肚鸡肠！"幽默是改掉发脾气的毛病的最好手段。

5. 训练信任。开始时不妨寻找信赖他人的机会。事实会证明，你不必设法控制任何东西，也会生活得很顺当。这种认识不就是一种意外收获吗？

6. 反应得体。受到不公平对待时，任何正常的人都会怒火中烧。但是无论发生了什么事，都不可放肆地大骂出口。而该心平气和、不抱成见地让对方明白，他的言行错在哪儿，为何错了。这种办法给对方提供了一个机会，在不受伤害的情况下改弦更张。

7. 贵在宽容。学会宽容，放弃怨恨和报复，你随后就会发现，愤怒的包袱从双肩卸下来，显然会帮助你放弃错误的冲动。

8. 立即开始。爱发脾气的人常常说："我过去经常发火，自从得了心脏病，我认识到以前那些激怒我的理由，根本不值得大动肝火。"请不要等到患上心脏病才想到要克服爱发脾气的毛病吧，从今天开始修身养性不是更好吗？

一位哲人说："谁自诩为脾气暴躁，谁便承认了自己是一名言行粗野、不计后果者，亦是一名没有学识、缺乏修养之人。"细细品味，煞是有理。愿我们都能远离暴躁脾气，做一个有知识、有文化、有修养的人。

因此，能够自我控制是人与动物的最大区别之一。脾气虽与生俱来，但可以调控。多学习，用知识武装头脑，是调节脾气的最佳途径。知识丰富了，修养提高了，法纪观念增强了，脾气这匹烈马就会被紧紧牵住，无法脱缰招惹是非，甚至刚刚露头，即被"后果不良"的意识所制约，最终把上窜的脾气压下，把不良后果消灭在萌芽状态。

愤怒就是灵魂在摧残自身

人经常不能控制自己的怒气，为了生活中大大小小的事情勃然大怒或者愤愤不平，愤怒由对客观现实某些方面不满而生成。比如，遭到失败、遇到不平、个人自由受限制、言论遭人反对、无端受人侮辱、隐私被人揭穿、上当受骗等多种情形下人都会产生愤怒情绪。表面看起来这是由于自己的利益受到侵害或者被人攻击和排斥而激发的自尊行为，其实，用愤怒的情绪困扰灵魂，乃是一种自我伤害。

对身体健康的伤害只是其中一个方面，愤怒对于灵魂的摧残尤为严重。由灵魂而生的愤怒情绪，又回过头来伤害灵魂本身，让灵魂变得躁动不安，失去原有的宁静和提升自己的精力和时间，这是灵魂的一种自戕。

正如思想家蒲柏所说："愤怒是由于别人的过错而惩罚自己。"文学家托尔斯泰也说："愤怒对别人有害，但愤怒时受害最深者乃是本人。"

我们愤怒于别人的言行，让愤怒占据了大部分的灵魂空间，灵魂负载着重担，再无法关照自身，更不能得到任何形式的提升，反而在愤怒情绪的支配下更加容易丧失理智，甚至于越来越远离人的高贵，接近于动物的蒙昧和愚蠢。

结果，导致我们愤怒的人与事依然故我，他们继续做着错的事，享受着愉悦的心情；结果，因为愤怒，我们无法专注于眼前的工作，没能很好地履行自己的职责；结果，我们只顾着愤怒，而无暇体验生命中原本存在的其他美和善。

折磨我们的是自己的愤怒情绪，而非别人的一些令人愤怒的行为。控制自己的愤怒情绪，从而避免让灵魂受到伤害，是完全在我们的力量范围之内的。

有一位得道高人曾在山中生活30年之久，他平静淡泊，兴趣高雅，不但喜欢参禅悟道，而且喜爱花草树木，尤其喜爱兰花。他的家中前庭后院栽满了各种各样的兰花，这些兰花来自四面八方，全是年复一年地积聚所得。大家都说，兰花就是高人的命根子。

这天高人有事要下山去，临行前当然忘不了嘱托弟子照看他的兰花。弟子也乐得其事，上午他一盆一盆地认认真真浇水，等到最后轮到那盆兰花中的珍品——君子兰了，弟子更加小心翼翼了，这可是师父的最爱啊！他也许浇了一上午有些累了，越是小心翼翼，手就越不听使唤，水壶滑下来砸在了花盆上，连花盆架也碰倒了，整盆兰花都摔在了地上。这回可把弟子给吓坏了，愣在那里不知该怎么办才好，心想："师父回来看到这番景象，肯定会大发雷霆！"他越想越害怕。

下午师父回来了，他知道了这件事后一点儿也没生气，而是平心静气地对弟子说了一句话："我并不是为了生气才种兰花的。"

弟子听了这句话，不仅放心了，也明白了。

不管经历任何事情，我们都要制怒，在脉搏加快跳动之前，凭借理智的伟力平静自己。

想一想，如果惹你生气的人犯了错误，是由于某种他们不可控的原因，我们为什么还要愤怒呢？

如果不是这样，那么他们犯错一定是由于善恶观的错误。我们看到了这一点，说明在善恶观的问题上，我们的灵魂比他们优越，比他们更理性，更能辨明是非黑白。对于他们，我们只有怜悯，不应有一丝愤怒。

对于犯了错误的人，尽己所能平静地劝诫他们，把他们当成理智生病的人一样医治，没有必要生气，心平气和地向他们展示他们的错误，然后继续做你该做的事，完成自己的职责。

卸下情绪的重负，对自己说"没关系"

接纳自己，欣赏自己，将所有的自卑都抛到九霄云外，这是一个人保持快乐最重要的前提。一个以高标准来要求自己、不能容忍自己不完美的人，终其一生只能在对自己的哀叹中度过，是无法享受到生活的快乐的。他们给自己设订了太多的条条框框，强迫自己去遵守，以达到他们期望的目标，这使得他们的生活背负了太多的重担，负重的情绪必然无法去感受生活的轻松和快乐。

亨利是一个快乐的年轻人。他三岁时在和小朋友玩耍时不慎被高压电流击伤，因双臂坏死而截肢致残。在这之后，父母将他送到附近的一座残疾人孤儿院去，他在那里整整住了16年，父母很少去看他。在孤儿院没有人教他应当怎样做事情，一切都得自己摸索。开始亨利用嘴叼着笔写字，由于离纸太近眼睛疼痛，于是他改用脚写字，他在孤儿院上完了中学。

回到故乡后亨利开始边工作边学习，他在一个师范学院学习文学专业。他并不想当老师，只是想完善自己，他和大学生们一样要做作业，通过各门测验和考试。亨利通过训练能够自己照顾自己的生活；他会用脚斟茶，拿小勺往茶里加糖，并灵巧地抓住小小的茶杯慢慢地品茶；电话铃声响了，他能够抓起听筒。他能够处理一些简单的家务。

他的妻子琼斯说："亨利很聪明，要是什么事情做不了，他就会琢磨该怎么办。他是一个优秀的绘图员，他会修各种电器，搞得懂所有的线路。例如电子表坏了，他就把它拆开修理，用小镊子灵巧地把零件一一装好。他的表总是挂在脖子上，他是用膝盖托起表来看时间的。他总是一刻不停地干这干那，他还改过裙子呢，又是量，又是画线，又是剪，最后用缝纫机做好。在家乡他挺知名的，一天到晚总是吹着口哨或哼着歌曲，是个无忧无虑的快乐人。"

亨利喜欢唱歌，参加过巡回演出团。他常常到孤儿院去义演。他和他 16 岁的儿子一起录制磁带送给朋友们。他靠 600 美元的退休金和妻子微薄的工资生活，十分清苦。但是，对于他来说，令他最开心的是他在生活，在唱歌，感觉自己是一个自食其力的人。

亨利的故事告诉我们，只要一个人学会接纳自己，能够以一个平常的心态去接纳自己的不完美，他就能够拥有一个快乐的人生。如果总是让自己背负着沉重的负担，终日陷在悲观郁闷的情绪中，生活对他来说就只能是一场苦旅。所以，遭受困难时、悲伤失意时，多给自己说几声"没关系"，生活的希望永远存在，只要努力，一切困苦对我们来说都是没关系的。

用幽默和微笑来战胜不良情绪

平和宁静的心境不仅是衡量一个人心理是否健康的重要指标，同时也是我们保持心理健康的一个有效方法。心理学研究证明，幽默作为一种心理防卫机制，能使处于沮丧困苦中的人放松紧张的心理，降低心理压力，缓和内心冲突，排除内心的抑郁，解放被压抑的情绪，调节和保持心理健康。所以，心理学家主张用幽默和微笑来战胜不良情绪对人们心理的侵蚀和损害。

英国著名科学家法拉第曾经由于紧张的研究工作而导致经常性的头痛失眠，使他苦不堪言。一次他去看病，医生开给他的处方不是药名，而是一句英国谚语："一个丑角进城，胜过一打医生。"

法拉第马上悟出了其中的奥妙，于是经常去看喜剧、滑稽戏等表演，被逗得哈哈大笑。不久，他的健康状况明显好转。

20 世纪 70 年代，在英国的一所大学里，创建了一个"幽默教室"，人们可以用各种手段在那里发笑，以便使自己心情舒畅、精神愉快、驱除疲劳、解除烦恼。幽默和笑实际上成了一种有效的心理疗法，成了"精神上的消毒剂"，成了"抑制精神危险的武器"。

现代生活节奏太快，有不少人得了抑郁症或其他类型的疾病，这时我们不妨也采用"笑疗"的方法，自己为自己治病。具体的做法是：

1. 当自己感觉苦闷、忧愁而又难以摆脱时，采取"逆向思维"法，多听听相声、小品、喜剧，在阵阵欢笑中化开心中的郁结，这或许比药物更管用。

2. 多和那些喜欢幽默，又好说笑话的朋友接触。与他们在一起，幽默的话语不绝于耳，一个个笑话让人心中充满欢悦。有时还会从笑声中得到不少人生的感悟。

3. 平时多看些欢乐的演出或电视节目。像文艺演出，还有电视及电台中的娱乐节目等，听着看着，你会沉浸在会心的笑意中，那些郁闷就会一扫而光。

4. 找友人聊天，和性格开朗的人相聚，把心中的不快说出来，给心灵来个"减负"，并从别人的劝解中释疑解惑，同时对方的幽默语言会让你发笑，从而获得好心情。

5. 找个环境幽雅之处，静下心来专门去想那些可乐的事。或一段相声，或一件让人捧腹的事，也可以使自己突发奇想。假设出一些让人笑的事，这样你会情不自禁地笑出声来。"笑疗"可让朋友为你治"心病"，但大多还是自我疗法，也不用去医院，更不用花钱，可谓简便易行，且无副作用。您若受到不良情绪的困扰不妨试一试。

不生气等于消除坏情绪的源头

抱怨就好像是一种可以迅速传开的疾病，能够在最短的时间里在人群中扩散开来。所以向下面这样的事情，你也许会经常看到：

张敏是某个公司的员工，已经在公司干了两年了，但是公司一直没有给她涨工资。老板总是说，公司的发展还没有上轨道，所以一些不必要的开销能省就省，所以很多时候连员工的饭补也省了。公司主管还经常在快要下班的时候开会，一开就是很长时间，占用了员工的很多私人时间。

这个月，张敏一直在领导的强制下加班，可是到了月末，公司并没有给加班费，这让张敏越想越气，所以公司之前所做的种种不合理的做法，让她一起想起来了。

她越想越气，恰好赶上同事李佳走进了办公室，她就把所有的不满和牢骚都跟李佳说了。李佳一听，也觉得公司太过分了，明显地克扣工资，还总是占用他们那么多私人时间，实际上就是变相的加班，也觉得很生气，所以越说情绪越激动。

渐渐地，办公室里的人多了起来。大家都加入了张敏和李佳的行列，开始为张敏抱不平，也数落公司的种种不是。你一言我一语的，说个没完。

看到这样的情形，你也许会很奇怪，刚开始的一个人的不满情绪，怎么会那么快就传染给了每一个人？下面我们来分析一下：

我们都知道，人类具有很强的模仿天性，而且具备很强的情绪传染共性。通常情况下，看到身边的人在做什么，很容易就跟着他去做。这样的行为是没有加入任何的思考因素的，而是下意识的模仿。所以看到别人在抱怨，就不自觉地跟着抱怨，是模仿的作用。而另一方面，人跟人之间是很容易被感染的，比如你看见一个人哭得很伤心，那么你的心情也很难快乐起来，有时候甚至会跟着哭；工作中，你的同事觉得有些疲倦，他把这样的信息传达给你的时候，你也会逐渐地意识到

自己有些累了……

这就是相互感染。所以，当那些同事看到张敏和李佳很生气的时候，心里也会跟着产生不满和气愤的共鸣，所以导致大家都在跟着抱怨。

在生活中，我们说抱怨的话，是不可能找到跟我们无关的人说的。那些倾听我们怨言的人，往往都是跟我们比较亲近的人，或者在某种利益上能够达到共识的人。所以，你的问题很可能也是他的问题，你说出来的话，尽管他当时没想到，可能在你说出来以后，他就会觉得："对，事情就是这个样子的。"一旦这样在精神上达成了共识，那么你就成功地把抱怨的情绪传给他了。

所以说，抱怨就好像是一场传染病，一场瘟疫，能够在最短的时间内在人群中传播。可是，如果我们能够摆正心态，将抱怨的心理从自己的身上剔除，那么我们等于是给抱怨消灭了一个传播源头。而如果生活中的每一个人都不再去做这个传染源，那么在我们的身边也就不存在抱怨了。

情绪化常常让人丧失理智

一个成功的人必定是有良好控制能力的人，控制自我不是说不发泄情绪，也不是不发脾气，过度压抑只会适得其反。

新的一届竞选又开始了，一位准备参加参议员竞选的候选人向自己的参谋讨教如何获得多数人的选票。

其中一个参谋说:"我可以教你些方法。但是我们要先定一个规则,如果你违反我教给你的方法,要罚款 10 元。"

候选人说:"行,没问题。"

"那我们从现在就开始。"

"行,就现在开始。"

"我教你的第一个方法是:无论人家说你什么坏话,你都得忍受。无论人家怎么损你、骂你、指责你、批评你,你都不许发怒。"

"这个容易,人家批评我、说我坏话,正好给我敲个警钟,我不会记在心上。"候选人轻松地答应。

"你能这么认为最好。我希望你能记住这个戒条,要知道,这是我教给你的规则当中最重要的一条。不过,像你这种愚蠢的人,不知道什么时候才能记住。"

"什么!你居然说我……"候选人气急败坏地说。

"拿来,10 块钱!"

虽然脸上的愤怒还没退去,但是候选人明白,自己确实是违反规则了。他无奈地把钱递给参谋,说:"好吧,这次是我错了,你继续说其他的方法。"

"这条规则最重要,其余的规则也差不多。"

"你这个骗子……"

"对不起,又是 10 块钱。"参谋摊手道。

"你赚这 20 块钱也太简单了。"

"就是啊，你赶快拿出来，你自己答应的，你如果不给我，我就让你臭名远扬。"

"你真是只狡猾的狐狸。"

"又 10 块钱，对不起，拿来。"

"呀，又是一次，好了，我以后不再发脾气了！"

"算了吧，我并不是真要你的钱，你出身那么贫寒，父亲也因不还人家钱而声誉不佳！"

"你这个讨厌的恶棍，怎么可以侮辱我家人！"

"看到了吧，又是 10 块钱，这回可不让你抵赖了。"

看到候选人垂头丧气的样子，参谋说："现在你总该知道了吧，克制自己的愤怒情绪并不容易，你要随时留心，时时在意。10 块钱倒是小事，要是你每发一次脾气就丢掉一张选票，那损失可就大了。"

控制自己的情绪是件非常不容易的事情，因为我们每个人的心中都存在着理智与感情的斗争。为情所动时，不要有所行动，否则你会将事情搞得一团糟。人在不能自制时，会举止失常；激情总会使人丧失理智。此时应去咨询不为此情所动的第三方，因为当局者迷，旁观者清。当谨慎之人察觉到自己有冲动的情绪时，会即刻控制并使其消退，避免因热血沸腾而鲁莽行事。短暂的冲动情绪的爆发会使人不能自拔，甚至名誉扫地，更糟糕的则可能丢掉性命。

做情绪的主人，才能做生活的主角

很多人都读过《旧约》里约瑟的故事：

约瑟 17 岁时就被兄长卖至埃及，任何人处在同样的境遇下，都难免自怨自艾，并对出卖及奴役他的人愤愤不平。但约瑟不做此想，他专注于提升自己，不久便成了主人家的总管，掌管所有的产业，极获倚重。

后来他遭到诬陷，冤枉坐牢 13 年，可是依然不改其态，化怨恨为上进的动力。没过多久，整座监狱便在他的管理之下。到最后，掌管了整个埃及，成为法老之下、万人之上的大人物。

我们虽没有约瑟受奴役和被囚禁的经历，但是日常生活中的种种琐事，却使我们处在各种各样的不良情绪之中。想想约瑟的遭遇，就会知道不同的情绪将有不同的人生。

许多人都有过受累于情绪的经历，似乎烦恼、压抑、失落甚至痛苦总是接二连三地袭来，于是，频频抱怨生活对自己不公平，期盼某一天欢乐从天而降。但要记住，你永远不会是世界上最不幸的那个人，只要我们用积极乐观向上的态度去面对，生活终会向你展示出它温情脉脉的一面！

其实，喜怒哀乐是人之常情，想让自己生活中不出现一点儿烦心事是不可能的，关键是如何有效地调整、控制自己的情绪，做生活的主人，做情绪的主人。人们常说，生活是一面镜子，你对它笑，它便对你笑；你对它哭，它便对着你哭。我们想要拥有幸福快乐的人生，就要用一种乐观积极的情绪对待生活。

许多人都想控制自己的情绪，但遇到具体问题又总是知难而退："控制情绪实在太难了。"言下之意就是："我是无法控制情绪的。"别小看这些自我否定的话，这是一种严重的不良暗示，它可以毁灭你的意志，使你丧失战胜自我的决心。

输入自我控制的意识是开始驾驭自己的关键一步。

晓敏就不会控制自己的情绪，常常和同事发生矛盾。领导找她说话，她还不服气，甚至和领导争执。领导没有动怒，只是和她讲道理，她嘴上没有说，却早已心悦诚服。从此她有了自我控制的意识，经常提醒自己，主动调整情绪，自觉注意自己的言行。就在这种潜移默化中她拥有了一个健康而成熟的情绪。

其实调整控制情绪并没有你想象的那么难，只要掌握一些正确的方法，就可以很好地驾驭自己。控制情绪也是一个长期的过程，在平常就要把自己的心态调整好，把保持良好的情绪作为一种习惯。

1. 想法客观。

学会坦然面对生活中的一切，不对生活有过多的非分之想，抱太多不切实际的幻想。给心理留一个放松的空间，用平淡的心态去接受身边发生的事。

2. 学会发泄。

每个人都会遇到许许多多的不如意，正所谓"人生不如意者，十有八九"。因此要想活得轻松快乐，就要找到适合自己的舒压方式，把心中的不良情绪及时发泄出来。

3. 生活热情。

平常要多参加一些户外的文体活动，多看一些轻松温馨的影视剧，多阅读一些时尚轻松的书籍杂志，让自己的思想见识跟上时代的发展；多发展一些兴趣爱好，不仅有助于消除不良情绪，还能帮助树立积极健康的心态，感受到更多的快乐。

4. 每天听半小时音乐。

优美的音乐对放松身心有着非常大的作用，每天抽出一点儿时间，泡杯茶，放松地坐下来，挑自己喜爱的音乐听上一会儿，对缓解情绪，平衡身心都有着非常积极的作用。

5. 学会控制自己的愤怒。

生活中我们都免不了遇到令自己愤怒的事，但是把愤怒全部发泄出来，对人对己都是没有任何好处的，所以，一定要控制住自己愤怒的情绪。当你觉得自己快要爆发的时候，先不要张口，在心里默默从一数到一百，然后再张口说话，对避免把谈话闹僵，会很有帮助的。甚至还有人说要从一数到三百后再张口，这要根据自己的愤怒程度，在心里给自己定个数。

可以转移情绪的活动有很多，你可以根据自己的兴趣爱好，以及外界事物对你的吸引来选择。例如，各种文体活动，与亲朋好友倾谈，阅读研究，琴棋书画，等等。总之，将情绪转移到有意义的事情上来，尽量避免不良情绪的强烈撞击，减少心理创伤，这样做非常有利于情绪的及时控制。

情绪的转移关键是要主动积极，不要让自己在消极情绪中沉溺太久，立刻行动起来，你会发现自己完全可以战胜情绪，控制情绪，成为情绪的主人。

第二章

用脾气去攻打，
不如用宽容去征服

与他人争执时，懂得后退一步

生活中，当我们与他人发生争执时，要懂得后退一步。所谓"退一步海阔天空"，不无道理。

明朝冯梦龙在《广笑府》中记载了这样一则故事：

从前，有父子二人，性格都非常倔强，生活中从来不对人低头，也不让人，且不后退半步。一日，家中来了客人，父亲命儿子去市场买肉。儿子拿着钱在屠夫处买了几斤上好的肉，用绳子串着转身回家，来到城门时，迎面碰上一个人，双方都寸步不让，也坚决不避开，于是，面对面地挺立在那儿，相持了很久。

日已正中，家中还在等肉下锅待客，做父亲的不由得焦急起来，便出门去寻找买肉未归的儿子。刚到城门处，看见儿子还僵立在那儿，半点儿也没有让人的意思。父亲心下大喜：这真是我的好儿子，性格刚直如此；又大怒：你算老几，竟敢在我父子面前如此放肆。他蹿步上前，大声说道："好儿子，你先将肉送回去，陪客人吃饭，让我站在这儿与他比一比，看谁撑得过谁？"

话音刚落，父亲与儿子交换了一个位置，儿子回家去烹肉煮酒待客；父亲则站在那个人的对面，如怒目金刚般挺立不动。惹得众多的围观者大笑不止。

故事很可笑，它告诉我们：懂得退步，才会有更大的收获。

就因为在一些小事上发生了争执，两位大作家——列夫·托尔斯泰和屠格涅夫的友情曾中断了 17 年。

1878 年，托尔斯泰在经历了长期的内疚和不安后，主动写信给屠格涅夫表示道歉。他写道："近日想起我同您的关系，我又惊又喜。我对您没有任何敌意，谢谢上帝，但愿您也是这样。我知道您是善良的，请您原谅我的一切！"

屠格涅夫立即回信说："收到您的信，我深受感动。我对您没有任何敌对情感，假如说过去有过，那么早已消除——只剩下了对您的怀念。"

一场积聚多年的冰雪终于化解了。不过，此后不久，另一件事又差点儿使他们的关系再次陷入危机。幸运的是，吃一堑长一智，他们这次都知道如何避开了。

这一年，在托尔斯泰的盛情邀请下，屠格涅夫到勃纳庄园做客。有一天，托尔斯泰请客人一起去打猎。屠格涅夫瞄准一只山鸡，"砰"地开了一枪。

"打死了吗？"托尔斯泰在原地喊道。

"打中了！您快让猎狗去捡。"屠格涅夫高兴地回答。

猎狗跑过去之后很快便回来了，但却一无所获。"说不定只是受了伤。"托尔斯泰说，"猎狗不可能找不到。"

"不对！我看得清清楚楚，'啪'的一声掉下去，肯定死了。"

屠格涅夫坚持说。

他们虽然没有吵架，但山鸡失踪无疑给两个人带来了不快之感，仿佛二人之中有一个说了假话。可是，这一次他们都意识到不应再争执下去，便把话题转向别处，尽量在愉快的消遣中打发时光。

当天晚上，托尔斯泰悄悄地吩咐儿子再去仔细搜索。事情终于弄清楚了：山鸡的确被屠格涅夫一枪打中了，不过正好卡在了一枝树杈上面。

当孩子把猎物带回来时，两位老朋友简直开心得像孩童一般，相视大笑。

可见，人与人出现矛盾时，正确的做法应是"求大同，存小异"、"大事化小，小事化了"，以互谅互让的态度而不是用争辩的方法去处理。

有争执时，让步是一种修养，让步是一种虚拟的退却。

社会中，人与人之间应相互理解、相互尊重，尤其是在与人讨论、交谈时，对于别人的见解，我们不应轻易否定，即使其见解与你相左。如果能够做到理解别人、体贴别人，那么就能少一分盲目。

要善于发现别人见解的正确性，只有这样，才能多角度地看问题，就会发现固守自己的思维定式，有时显得多么地无知和可笑。因此，无论何时都要注意，别听到不同的观点就怒不可遏。通过细心观察，你会发觉，也许错误在你这一边，你的观点不一

定都与事实相符。

在人际交往中，让步是一种常用的处理问题的方式，它不是懦弱、失去人格的表现，而是一种修养。

让步其实只是暂时的、虚拟的退却，进一尺，有时就必须先做出退一寸的忍让。

主动让"道"是一种宽容，是在人际交往中有较强的相容度。相容就是宽厚、容忍、心胸宽广、忍耐性强。

曾有一位青年与长辈发生争执，结果不欢而散。后来，他说：

"真希望这件事情从未发生过。假如我稍微有点儿警觉性，觉察到他对这个话题多么敏感，很可能就会婉转地说：'我们看法不同，那也没什么。'这样就可以避免发生不愉快。"

凡有争论，双方几乎都各有言之成理的论点，因此，如果你显然无法令对方改变心意，对方也显然无法说服你，就应该立刻罢手。切记"一言既出，驷马难追"，以免造成无法补救的伤害。

想避免出现僵局，一种有效的办法是说句"我们两人都是对的"，然后再转向比较安全的话题。

不管什么情况，无谓的争执就是浪费时间。只要能避免徒劳无功的争执，人人都是赢家。

既往不咎，冰释前嫌

面对前嫌，我们可以选择两种处理方式：一种冰释前嫌，重归于好；一种是耿耿于怀，势不两立。很显然，前者是值得称道的，是我们需要学习的。

不计前嫌是一种很高的思想境界，是一种处理彼此积怨的好方法。不论在同事之间，还是在家人亲友之间，摒弃前嫌，化解已有的矛盾，恢复和谐的人际关系，你就能在生活中感觉到更多的快乐。

魁先生与格先生在大学读书时是同学，曾为一个女生，魁先生动手打过格先生一顿！毕业后，魁先生求职，鬼使神差地求到格先生所在的公司，而且格先生就是负责人事的部门经理！魁先生一看到格先生，扭头要走，没想到格先生笑着站起来叫住魁先生，诚恳地问魁先生是不是来应聘的？魁先生说："当格先生如此问我时，我似是而非地点了点头，格先生就高兴万分地拥着我，并说能与我一起共事，十分荣幸，而且，中午还主动请我吃饭。在饭桌上，我问格先生是否记得我曾打过他的事，如果记得，当着那些求职应聘者的面损我一回，且不是可以出气？格先生却说，只有在学生时代，才可能出现为一个女生而打架的事，还说，走出学校后，他就把此事给淡忘了，就算没忘干净，也没必要再提起它……在格先生的力荐下，进公司不久，我就升为总裁助理！在格先生看来，我的综合能力要在他之上，其实，我心里清楚，做人的能力，我却远在格先生之下……在一个公司工作，又得到了格先生不计前嫌的帮助，想不把他当成知心的朋友，都不可能了……"

魁先生的经历，对我们所有人都应该有所启迪。

一般人和别人有嫌怨，尤其是受了伤害，本能的反应就是报复。然而，报复虽能发泄怒气，减轻心中的负荷而痛快一时，但永远不能平息伤痛，甚至会激化矛盾，步入"冤冤相报"的恶性循环中。要解决这类问题，只有一条路——宽恕。宽恕能使你"大肚能容天下难容之事"，不过分地计较个人的恩怨得失，从而把自己塑造得更加完美。

《宋朝事实类苑·祖宗圣训二》中曰："以大度包容，则万事兼济。"现实生活中，包容之心存之，方显得自我的大度之气，大度之气存之，人为我友者，就会是真心诚意。

宽容让摩擦去无踪

生活，就因为这些鸡毛蒜皮的小事而变得琐碎，它分散我们的精力，影响我们的心情，销蚀着我们宽容的心。宽容，有的时候只不过是忽略别人一点儿无关紧要的过失而已，就像奥地利犹太和平主义者阿尔弗雷德·弗里德一样，它不但能让我们避免不必要的麻烦，而且还会为我们换来意想不到的收获。

阿尔弗雷德·弗里德小时候家里比较穷，为了减轻父母的负担，他摆了一个小书摊。有一天，4个和他差不多大的孩子围了过来。小阿尔弗雷德冷不防被其中一个孩子绊倒了，这时，4个孩子一起冲上来，把他压在身子下面。一个孩子厉声问道："你的钱呢？钱在哪里？快点儿给我们！"当4个孩子在小阿尔弗雷德身上乱搜的时候，他又气又急，慌乱中，他忽然看见街对面有一个警察，就大喊了一声："警察来了！"那4个孩子看见警察朝这边走来，都慌了，爬起来就跑。其中有一个孩子比较小，跑得慢，所以被小阿尔弗雷德一把给抓住了。

那位警察过来了，很严肃地问道："你们刚才做什么了？"小阿尔弗雷德看了看旁边那个因惊恐而瑟瑟发抖的孩子，说："他想……他想租书看，可是我要收摊回家吃晚饭了，所以他就帮我收拾摊子。"警察见没有发生什么事情，就微笑着说："那你们赶快回家吧。"

等警察一走，那个孩子便迷惑不解地问："刚才我们那么对你，你……你为什么不报告警察？"小阿尔弗雷德并没有回答，却反问那个孩子："那你们为什么要来抢我的钱呢？"那个孩子认真地看了看小阿尔弗雷德，说："我们已经观察你好几天了，本来也没想抢你的钱的，可是今天我们没有弄到吃的东西，都饿坏了，所以才……"、"就因为我看你们的衣服很破旧，所以我知道你们抢钱肯定也是迫不得已，我也是穷人家的孩子，所以我才没有报告警察。"小阿尔弗雷德非常认真地说道。

那个孩子很不好意思地低下了头。小阿尔弗雷德说："欢迎你们明天还到我这里来，我可以让你们免费看书。"后来这4个孩子都成了小阿尔弗雷德很要好的朋友。

生活中，我们要学会宽容、大度。古人说："大度集群朋。"男孩子若能有宽宏的度量，他的身边便会聚集大群知心朋友。所以，小事，不要太过计较，要原谅别人的过失；不如意的事来临时，要泰然处之，不为所累；受人讥讽时，不要睚眦必报，要学会吃亏，把便宜让给别人。相信只要多看别人的优点，少盯着别人的缺点，每一个人都会是可爱的。

多点儿雅量面对嘲笑

漫漫人生路，有太多的不如意，退一步海阔天空，只要不忘记自己的最终使命，你还是你，要能承受别人的嘲笑，这是一种雅量，同时也是一种做人的智慧。

被公认为美国历史上最伟大总统之一的林肯，当选总统的那一刻，令整个参议院的议员都感到尴尬，因为林肯的父亲是鞋匠。

当时美国的参议员大部分出身贵族，自认为是上流、优越的人，从未料到要面对一个卑微的鞋匠的儿子做总统，于是，林肯首度在参议院演说之前，就有议员羞辱他。

在林肯站上演讲台的时候，有一位态度傲慢的参议员站起来说："林肯先生，在你开始演说之前，我希望你记住，你是一个鞋匠的儿子。"

所有议员都大笑起来，为自己虽然不能打败却能羞辱他而开怀。

林肯等到大家的笑声停止，他说："我非常感谢你使我想起我的父亲，他已经过世了，我一定会记住你的忠告，我永远是鞋匠的儿子，我知道我做总统永远无法像我的父亲做鞋匠做得那样好。"

参议院陷入一片静默里，林肯转头对那个傲慢的参议员说："就我所知，我父亲以前也为你的家人做鞋子，如果你的鞋子不合脚，我可以帮你改正它，虽然我不是伟大的鞋匠，但是我从小跟随父亲学会了做鞋子的技术。"

然后他对所有的参议员说："对参议院的任何人都一样，如果你们穿的那双鞋是我父亲做的，而它需要修理或改善，我一定尽量帮忙，但是有一件事是可以确定的，我无法像我父亲那么伟大，他的手艺是无人能比的。"说到这里，林肯流下了眼泪，

所有嘲笑声全部都化成了赞叹的掌声。

日常生活中，如果你不能接受一次嘲笑，将会受到别人更多的挑剔和攻击。人生中如果你没有包容嘲笑的雅量，那么你的痛苦将是长久的。

一般人受到嘲笑讥讽，心里总是愤愤不平；然而，正因为愤恨难消，痛苦煎熬也如影随形、挥之不去。如果借着面对嘲笑来锻炼自己的心性品格，甚至把打击你的人看成来感化你的菩萨，谢谢他给你锻炼自己、提升自己的机会，心里没有怨恨，自然不会感到痛苦。

我们总是太在意面子、在意得失，所以才会心绪起伏，患得患失。如果我们在遭受嘲笑后能够站在这样的角度去思考：我不是为了怨恨和烦恼而做这件事的。这样一来，我们不但会去尽力巧妙化解矛盾，而且为自己的心情开辟出一番安详的天地。

拥有雅量，让阳光继续灿烂。只有心胸开阔的人，才真正懂得善待自己、善待他人，生活才能充满快乐。

把心放宽，学会克制

人生活在社会之中，每天都要与不同的人打交道，由于立场不同，个性相异，因此不可避免地会发生分歧、冲突。这些矛盾使人与人之间存在许多不稳定因素，甚至会产生危机，如果调节得不好，对自己和他人都有可能带来损害。

在一个学校的教室里，两个小男生像两只好斗的公鸡，一个揪住对方衣领，一个拽着对方的衣襟，老师的出现，并没有使他们产生松手的念头，有人警告："老师来了，还不放手？"可是局面还是僵持着，但已不再扭打，不再辱骂，渐渐地放下了手，各自走回自己位置，"战争"在无声无息中结束了。下课铃响了，出于意料的是，"两只公鸡"双双来到办公室，老师以为又出了什么事。

"老师，我错了，我错在得理不饶人，还得寸进尺。"一个学生说。

"老师，我也错了，我不该为一点儿鸡毛蒜皮的小事惹是非。"另外一个学生说。

"怎么会这么快就想通了？"老师问。

"静下来一想，真不该动手，您经常教育我们，要我们宽恕别人，要不我们也得不到宽恕。我想到这句话就知道错了。"两位学生解释道。

"好了，事情的起因、经过、结果，一切都不再追究，当作一种教训吧。来，化干戈为玉帛，握手言欢。"老师高兴地说。

两个学生的手握在一起，还用力顿了两顿。一场矛盾就这样化解了。

生活中，我们常见到有的人因不能克制自己，而引发争吵、骂人、打架，甚至流血冲突的情况。有时仅仅是因为在公交车上被别人踩了一脚，或一句话说得不当，这些都可能成为引爆一场口舌大战或拳脚演练的导火索。在社会治安案件中，相当多的案件都是由于当事人不能冷静地处理小事情而引发的。

阿兰·马尔蒂是法国西南小城塔布的一名警察，这天晚上他身着便装来到市中心的一间烟草店门前。他准备到店里买包香烟。这时店门外一个叫埃里克的流浪汉向他讨烟抽。马尔蒂说他正要去买烟。埃里克认为马尔蒂买了烟后会给他一支。

当马尔蒂出来时，喝了不少酒的流浪汉缠着他索要烟。马尔蒂不给，于是两人发生了口角。随着互相谩骂和嘲讽的升级，两人的情绪逐渐激动。马尔蒂掏出了警官证和手铐，说："如果你不放老实点儿，我就给你一些颜色看。"埃里克反唇相讥："你这个混蛋警察，看你能把我怎么样？"在言语的刺激下，二人扭打成一团。旁边的人赶紧将两人分开，劝他们不要为一支香烟而发那么大火。

被劝开后的流浪汉骂骂咧咧地向附近一条小路走去，他边走边喊："臭警察，有本事你来抓我呀！"失去理智、愤怒不已的马尔蒂拔出枪，冲过去，朝埃里克连开4枪，埃里克倒在了血泊中……法庭以"故意杀人罪"对马尔蒂作出判决，他将服刑30年。

一个人死了，一个人坐了牢，起因是一支香烟，罪魁祸首是失控的激动情绪。

每个人的情绪都会时好时坏。实际上没有任何东西比情绪——也就是我们心里的感觉，更能影响我们的生活了。因此，学会控制情绪是我们成功和快乐的要诀。

没有自制，就没有幸福。心情愉快了，人们就感觉到了幸福。心情不愉快，人就没有幸福的感觉。说到底，幸福是人的一种内心的感觉，而这个感觉在很大程度上取决于克制。

克制，是调解人际关系的一剂良药，它既是消解剂，又是润滑剂。克制自我意识，不要再认为自己是最重要的，自己做的什么都绝对正确，才可以真心去体谅、宽恕、关心和爱别人。

用刀剑去攻打，不如用微笑去征服

卡耐基培训班的一位学员说："我已经结婚18年了，在这段时间里，从我早上起来，到要上班的时候，我很少对太太微笑，或对她说上几句话。我是最闷闷不乐的人。

"既然我学习了微笑的用处，我就决定试一个礼拜看看。因此，第二天早上梳头的时候，我就看着镜子对自己说：'威尔森，你今天要把脸上的愁容一扫而空。你要微笑起来，现在就开始微笑。'当我坐下来吃早餐的时候，我以'早安，亲爱的'跟太太打招呼，同时对她微笑。

"现在，我要去上班的时候，就会对大楼的电梯管理员微笑着说一声'早安'。我以微笑跟大楼门口的警卫打招呼。我对地铁的出纳小姐微笑，当我跟她换零钱的时候。当我到达公司，我对那些以前从没见过我微笑的人微笑。

"我很快就发现，每一个人也对我报以微笑。我以一种愉悦的态度，来对待那些满肚子牢骚的人。我一面听着他们的牢骚，一面微笑着，于是问题就更容易解决了。我发现微笑带给我更多的收入，每天都带来更多的钞票。"

微笑是人的宝贵财富，微笑是自信的标志，也是礼貌的象征。人们往往依据你的微笑来获取对你的印象，从而决定对你所要办的事的态度。只要人人都献出一份微笑，办事将不再感到为难，人与人之间的沟通将变得十分容易。

现实的工作、生活中，一个人对你满面冰霜、横眉冷对，另一个人对你面带笑容、温暖如春，他们同时向你请教一个工作上的问题，你更欢迎哪一个？显然是后者，你会毫不犹豫地对他知无不言，言无不尽；而对前者，恐怕就恰恰相反了。

一个人面带微笑，远比他穿着一套高档、华丽的衣服更吸引

人注意，也更容易受人欢迎。因为微笑是一种宽容、一种接纳，它缩短了彼此的距离，使人与人之间心心相通。喜欢微笑着面对他人的人，往往更容易走入对方的天地。难怪学者们强调："微笑是成功者的先锋。"的确，如果说行动比语言更具有力量，那么微笑就是无声的行动，它所表示的是："你使我快乐，我很高兴见到你。"笑容是结束说话的最佳"句号"，这话真是不假。

有微笑面孔的人，就会有希望。因为一个人的笑容就是他传递好意的信使，他的笑容可以照亮所有看到它的人。没有人喜欢帮助那些整天愁容满面的人，更不会信任他们；很多人在社会上站住脚是从微笑开始的，还有很多人在社会上获得了极好的人缘，也是从微笑开始的。

任何一个人都希望自己能给别人留下好印象，这种好印象可以创造出一种轻松愉快的气氛，可以使彼此结成友善的联系。一个人在社会上就是要靠这种关系才可立足，而微笑正是打开愉快之门的金钥匙。

有人做了一个有趣的实验，以证明微笑的魅力。

他给两个人分别戴上一模一样的面具，上面没有任何表情，然后，他问观众最喜欢哪一个人，答案几乎一样：一个也不喜欢，因为那两个面具都没有表情，他们无从选择。

然后，他要求两个模特儿把面具拿开，现在舞台上有两张不同的脸，他要其中一个人愁眉不展并且一句话也不说，另一个人则面带微笑。

他再问每一位观众："现在，你们对哪一个人最有兴趣？"答案也是一样的，他们选择了那个面带微笑的人。

如果微笑能够真正地伴随着你生命的整个过程，这会使我们超越很多自身的局限，使我们的生命自始至终生机勃发。

用你的笑脸去欢迎每一个人，那么你会成为最受欢迎的人。

以宽容姿态迫使同事放弃"对抗状态"

工作中，同事之间难免有不同意见，要尽量避免生硬的伤害他人自尊心的言辞，以商量的态度提出自己的看法。如果遇到不合作的同事，也要表现出你的宽容和修养。学会耐心倾听对方的意见，并对其合理部分表示赞同，这样不仅能使不合作者放弃"对抗状态"，也会开拓自己的思路。

某同事得罪过你，或你曾得罪过某同事，虽说不上反目成仇，但心里确实不愉快。如果你觉得有必要，可主动去化解僵局，也许你们会因此而成为好朋友，也许只是关系不再那么僵而已，但至少减少了一个潜在的对手。这一点相当难做到，因为大多数人就是拉不下脸来！要允许别人犯错误，也允许别人改正错误。不要因为某同事有过失，便看不起他，或一棍子打死，或从此另眼看待对方，"一过定终身"。

同事所犯的错误有时候会给你带来一定的损害，或在某种程度上与你有关。在这种情况下，能否用一种宽容的态度对待这种"过"，就是衡量人的素质的一个标准。原谅别人是一种美德，有时尽管自己心里并不痛快，但却应该设身处地地为同事着想，考虑一下自己如果在他那个位置会如何做，做错了事之后又有何种想法。

小张和小杨合作共同完成一项工程。工程结束后，小张有新任务出差，把总结和汇报的工作留给了小杨。正巧赶上小杨的孩子生病，小杨因为忙于给孩子看病，一时疏忽，把小张负责的工作中一个重要部分给弄错了。总结上报给主管以后，主管马上看出了其中的问题，找来小杨。小杨怕担责任，就把责任推给了小张。因为工程重要，主管立刻把小张调回来。小张回来后，莫名其妙地挨了主管一顿训斥。仔细一问，这才明白了是怎么回事，赶快向主管解释，才消除了误会。小杨平时与小张关系不错，出了这事后，心里很愧疚，又不好意思找小张道歉。小张了解到小杨的情况，主动找到小杨，对他说："小杨，过去的事就让它过去吧，别太在意了。"小杨十分感动，两人的关系又近了一层。

其实只要你愿意做，你的风度会赢得对方对你的尊敬，因为你给足了他面子。宽容大度是一种胸怀，为一点儿小事斤斤计较，争吵不休，既伤害了感情，也无益于成大事，甚至最后伤害的还是自己。

虽然有的时候，对别人宽容是要以付出痛苦为代价的，但是当你显示出自己的宽容和大度时，机会也就随之而来了。

指责只会招来对方更多的不满

动物王国的某公司里，狮子经理上任的第一天，便把前任经理的秘书斑马小姐叫到办公室，说："你本身就够胖的，还成天穿着花条纹衣服，一点儿气质都没有，这样下去有损我们公司的形象。如果你还想当办公室秘书，就得换身衣服来上班。"

"可是，我……"斑马小姐刚开口解释，狮子经理便恼怒地一挥手，斑马小姐只好含泪离开了办公室。

狮子又叫来业务员黄鼠狼，并对它说："你是业务骨干，为了体面地面对客户，从今天起，你不准放臭屁。"

"可是，我……"黄鼠狼刚要解释，狮子经理不耐烦地一挥手，黄鼠狼只好委屈地离开了办公室。

狮子又叫来会计野猪，嫌它獠牙太长。

第二天，狮子刚走进公司大门，发现公司里冷冷清清，原来公司的员工集体辞职不干了。

狮子经理的无端指责，不但没有获得它所想象的效果，反而因树敌太多，大家都离开了它，使它成了"孤家寡人"。我们要记住狮子的教训，无论是在学校里还是在工作中，都不要轻易地指责他人。俗话说："多个朋友多条道，多个敌人多堵墙。"

人往往有这样一个特点，无论他多么不对，他都宁愿自责而不希望别人去指责他。绝大多数人都是如此。在你想要指责别人的时候，首先你得记住，指责就像放出的信鸽一样，它总要飞回来的。指责不仅会使你得罪对方，而且对方也必然会在一定的时候指责你。

学会接纳他人，容忍他人的缺点，是人生的一门重要课程，它有助于提高你的人格魅力。因此，树敌不如交友，批评不如赞扬，只要你不到处树敌，他人就乐于与你交往。懂得了这一点，对你成功做事、做人是很重要的。

尊重他人就是理解和包容他人

根据马斯洛的需求层次理论，尊重和自我实现的需要是人最高层次的需要。人们都有一种"身份"意识，希望得到他人的认可和尊重。更何况，照顾他人面子是中国的传统。只有尊重他人，才能赢得他人的尊重，别人才会跟你交朋友、做生意。

尊重他人将使我们变得更加宽容、乐观，与人更好地接触交流、精诚合作。相反，如果你自视甚高，目中无人，不顾及他人面子，总有一天会吃苦头。

小田和小方在同一单位工作，在工作能力上小田比小方稍胜一筹，这让小方生出一些嫉妒。

工作中，小田经常获得奖励，小方最喜欢对他说："脑袋那么好使，叫咱这样的笨蛋脸往哪儿搁呀？"在背后，小方好像开玩笑似的对其他同事说："小田拍马屁的功夫了不得，弄得领导们服服帖帖……"

在一次讨论方案的会议上，小田刚刚说完自己的设想，请大家发表意见，小方就用不阴不阳的口气说："你下了这么大的工夫，搞了这么一堆材料，一定很辛苦，我怎么一句也没听懂呢？

是不是我的水平太低，需要小田给我再来一点儿启蒙教育？"

顿时，小田的脸就气红了，说："有意见可以提，你用这种口气是什么意思？"显然，小方的话太刺激人了。

小方如果不改掉这个不尊重人的毛病，恐怕以后还会得罪更多的人，更不用说跟人友好相处、紧密合作了。

美国诗人惠特曼说过："对人不尊敬，首先就是对自己的不尊敬。"你希望别人怎样对待你，你就应该怎样对待别人。你尊重人家，人家就会尊重你。不尊重别人就会深深地刺伤别人的自尊心，并且让别人恼羞成怒，这样对自己也没有什么好处。与其如此，为什么不让我们换一种眼光，站在对方的位置上想问题，给别人一点尊重呢？要知道，尊重是人际关系的润滑剂，它将使许多问题变得更加容易解决。

克洛里是纽约泰勒木材公司的推销员。他承认，多年来，他总是尖刻地指责那些大发脾气的木材检验人员的错误，他也赢得了辩论，可这一点好处也没有。因为那些检验人员和"棒球裁判"一样，一旦判决下去，他们绝不肯更改。

克洛里虽然在口舌上获胜，却使公司损失了成千上万的金钱。他决定改掉这种习惯，不再抬杠了。他说：

"有一天早上，我办公室的电话响了。一位愤怒的主顾在电话那头抱怨我们运去的一车木材完全不符合他们的要求。他的公司已经下令停止卸货，请我们立刻把木材运回去。因为在木材卸下 25% 后，他们的木材检验员报告说，55% 的木材不合格。在这种情况下，他们拒绝接受。

"挂了电话，我立刻赶去对方的工厂。在途中，我一直在思考着一个解决问题的最佳办法。通常，在那种情形下，我会以我的工作经验和知识来说服检验员。然而，我又想，还是把在课堂上学到的为人处世原则运用一番看看。

"到了工厂，我见购料主任和检验员正闷闷不乐，一副等着抬杠的姿态。我走到卸货的卡车前面，要他们继续卸货，让我看看木材的情况。我请检验员继续把不合格的木料挑出来，把合格的放到另一边。

"看了一会儿，我才知道他们的检查太严格了，而且把检验规格也搞错了。那批木材是白松。虽然我知道那位检验员对硬木的知识很丰富，但检验白松却不够格，经验也不够，而白松碰巧是我最在行的。我能以此来指责对方检验员评定白松等级的方式吗？不行，绝对不能！我继续观看着，慢慢地开始问他某些木料不合格的理由是什么，我一点儿也没有暗示他检查错了。我强调，我请教他是希望以后送货时，能确实满足他们公司的要求。

"以一种非常友好而合作的语气请教，并且坚持把他们不满意的部分挑出来，使他们感到高兴。于是，我们之间剑拔弩张的气氛松弛消散了。偶尔，我小心地提问几句，让他自己觉得有些不能接受的木料可能是合格的，但是，我非常小心，不让他认为我是有意为难他。他的整个态度渐渐地改变了。他最后向我承认，他对白松的经验不多，而且问我有关白松的问题，我就对他解释为什么那些白松都是合格的，但是我仍然坚持：如果他们认为不合格，我们不要他收下。他终于到了每挑出一根不合格的木材就有一种罪过感的地步。最后他终于明白，错误在于他们自己没有指明他们所需要的是什么等级的木材。

"结果，在我走之后，他把卸下的木料又重新检验一遍，全部接受了，于是我们收到了一张全额支票。

"就这件事来说，讲究一点儿技巧，尽量控制自己对别人的指责，尊重别人的意见，就可以使我们的公司减少损失，而我们所获得的则非金钱所能衡量的。"

你看，解决问题的办法就是这么简单，只要少一点儿抱怨，多一分尊重，事情就变得简单了。在这里，尊重并不是一种谄媚，而是理解与包容，是一种高明的解决之道、一种自尊自爱的表现。因为只有你尊重别人了，别人才会尊重你，才会觉得你有解决问题的诚意，愿意跟你商谈合作。

面对别人的批评，我们要用诚恳的态度来接受；面对别人的过失，我们不妨多一些理解与宽容；面对别人的疑惑，我们不妨热情地伸出我们的双手。别人就是一面镜子，在尊重他人的言行里，我们可以照出自己的人格，也能照出自己的锦绣前程。

不要把别人的冒犯放在心上

与人交往，你的感受如何？在错综复杂的人际交往中，如果你要认真计较的话，每天你随便都可以找到四五件让人生气的事情，如被人诬陷、被连累、受人冷言讥讽等等。有人不便及时发作，便暗自把这些事情记在心里，伺机报复。但这种仇恨心理，对对方没有丝毫损害，却会影响自己的情绪，从而自食其果。

不管别人怎样冒犯你，或者你们之间产生什么矛盾，总之"得饶人处且饶人"。

年轻的洛克菲勒空闲的时间很少，所以他总是将一个可以收缩的运动器——就是一种手拉的弹簧，可以闲时挂在墙上用手拉扯的——放在随身的袋子里。有一天，他到自己的一个分行里去，这里的人都不认识他。他说要见经理。

有一个傲慢的职员见了这个衣着随便的年轻人，便回答说："经理很忙。"洛克菲勒便说，等一等不要紧。当时待客厅里没有别人，他看见墙上有一个适当的钩子，洛克菲勒便把那运动器拿

出来，很起劲地拉着。弹簧的声音打搅了那个职员，于是他跳起来，气愤地瞪着他，冲着洛克菲勒大声吼道："喂，你以为这里是什么地方啊，健身房吗？这里不是健身房。赶快把东西收起来，否则就出去。懂了吗？"

"好，那我就收起来罢。"洛克菲勒和颜悦色地回答着，把他的东西收了起来。

5分钟后，经理来了，很客气地请洛克菲勒进去坐。那个职员马上蔫了，他觉得他在这里的前程肯定是断送了。洛克菲勒临走的时候，还客气地和他点了点头，而他则是一副不知所措的惶恐样子。他觉得洛克菲勒肯定会惩罚自己，于是便忐忑不安地等待着处罚。但是过了几天，什么也没有发生。又过了一星期，也没有事。过了三个月之后，他忐忑不安的心才慢慢平静下来。

不管洛克菲勒是否把这件事放在心上。至少他的行为说明，他对小职员的冒犯采取了宽容的态度。

生活中，我们不免会遭遇别人的伤害和冒犯，与其"以牙还牙"两败俱伤，倒不如保持宽容和冷静，不要轻易出手反击，这既是对别人的一种容忍，也是对自己的一种尊重。

若要真正获得别人的尊敬与爱护，你要注意自己的表现，切勿盛气凌人，恃宠生骄，做出令人憎恶的事情。这里有几个方法可供参考：

第一，你要学习与每一个人融洽地相处，表现出你的随和与合作精神。面对别人的时候，不要忘记你的笑容与热忱的招呼，还要多与对方进行眼神接触，在适当的时机赞美一下他们的长处。

第二，假如你不得不对某人的表现予以批评，你的措辞也要十分小心。先把对方的优点说出来，令他对你产生好感后，他才会接受你的建议，还会视你为他的知己良朋。

第三，人人都会遇到情绪低落的时候，你要努力控制自己的脾气，切勿把心中的闷气发泄到别人的身上，这是自找麻烦的愚蠢行为。没有人会愿意跟一个情绪化的人相处，更不会对他期望过高。所以，替自己建立一个随和而善解人意的形象，这是成功的重要因素之一。

悦纳别人的与众不同

圣诞节临近，美国芝加哥西北郊的帕克里奇镇到处洋溢着喜庆、热闹的节日气氛。

正在读中学的谢丽拿着一叠不久前收到的圣诞贺卡，打算在好朋友希拉里面前炫耀一番。谁知希拉里却拿出了比她多 10 倍的圣诞贺卡，这令她羡慕不已。

"你怎么有这么多的朋友？这中间有什么诀窍吗？"谢丽惊

奇地问。

希拉里给谢丽讲了自己两年前的一段经历：

"一个暖洋洋的中午，我和爸爸在郊区公园散步。在那儿，我看见一个很滑稽的老太太。天气那么暖和，她却紧裹着一件厚厚的羊绒大衣，脖子上围着一条毛皮围巾，仿佛正下着鹅毛大雪。我轻轻地拽了一下爸爸的胳膊说：'爸爸，你看那位老太太的样子多可笑呀！'

"当时爸爸的表情特别严肃。他沉默了一会儿说：'希拉里，我突然发现你缺少一种本领，你不会欣赏别人。这证明你在与别人的交往时少了一份真诚和友善。'

"爸爸接着说：'那位老太太穿着大衣，围着围巾，也许是生病初愈，身体还不太舒服。但你看她的表情，她注视着树枝上一朵清香、漂亮的丁香花，表情是那么生动，你不认为很可爱吗？她渴望春天，喜欢美好的大自然。我觉得这老太太令人感动！'

"爸爸领着我走到那位老太太面前，微笑着说：'夫人，您欣赏春天时的神情真的令人感动，您使春天变得更美好了！'

"那位老太太似乎很激动：'谢谢，谢谢您！先生。'她说着，便从提包里取出一小袋甜饼递给了我，'你真漂亮……'

"事后，爸爸对我说：'一定要学会真诚地欣赏别人，因为每个人都有值得我们欣赏的优点。当你这样做了，你就会获得很多朋友。'"

你可能会觉得别人与众不同，并觉得很诧异，但只要换种眼光去捕捉他们身上的这些闪光点，学会真诚地欣赏，你就会惊喜地发现你的周围有很多伙伴，好朋友也越来越多，生活也越来越丰富。

如何接纳别人的与众不同呢，不妨参考以下几点：

1. 虚心学习朋友的长处。

2. 不勉强别人做他们不愿意做的事。

3. 真诚对待周围的每一个人。

4. 在与别人的交谈中不要轻易说不喜欢谁。

5. 与人交往要态度温和，不要动不动就发脾气。

第三章

把吃苦当成吃补，
所有磨难都是营养

生活是一片百花园，苦难也芬芳

逆境也可以说是一种挫折，面对挫折时我们不要退缩，更不要埋怨挫折对你无休止的磨难，要学会用心灵打磨挫折，用热情去迎接挫折，用坚韧不拔的意志去战胜挫折。

命运是无情的，也许我们每个人都无法选择它。即使经历苦难，我们也只有默默地承受而无处躲藏，但是，很多时候，我们会发现，在经历了苦难之后，我们的心开始变得勇敢，我们的意志开始变得坚强……

有一个男孩4岁时由于患上了麻疹和可怕的昏厥症，使他险些丧命；儿童时期，曾经患上严重肺炎；中年时口腔疾病严重，口舌糜烂，满口疮痍，只好拔掉所有牙齿，紧接着又染上了可怕的眼疾，他几乎不能够凭视觉行走；50岁后，相继发作的关节炎、肠道炎、喉结核等多种疾病吞噬着他的肌体；后来，他完全不能发出声音。只能由儿子凭他的口型翻译他的思想，在他57岁那年，他离开了人世。

他从4岁时便开始与苦难为伍，直到死时依然没能摆脱疾病的纠缠，但是苦难并没有使他低头，相反，他却在苦难中脱颖而出，他是怎么做的？他最终得到了什么？

他长期闭门不出，把自已禁闭起来，疯狂地每天练10个小时的小提琴，忘记了饥饿与死亡；在13岁时，他过着流浪者的生活，开始周游各地，除了身上的一把小提琴，他便是一无所有。同时，他坚持学习作曲与指挥艺术，付出艰辛的精力与汗水，创作出了《随想曲》、《无穷动》、《女妖舞》和6部小提琴协奏曲及许多吉他演奏曲。

15岁时，他成功举办了一次举世震惊的音乐会，使他一举成名。他的名声传遍英、法、德、意、奥、捷等很多国家。

帕尔玛首席提琴家罗拉听到了他的演奏惊异得从病床上跳下来，木然而立；维也纳一位听到他的琴声的人，以为是一支乐团在演奏，当得知台上是他一人的独奏时，便大叫着："他是一个魔

鬼"，匆匆逃走。卢卡共和国宣布他为首席小提琴家。他就是世界超级小提琴家帕格尼尼，苦难没有打倒他，相反，他在苦难中成长为音乐界巨人。

人的天性就是敬仰强者，唾弃弱者。想得到他人的认可，自己先要变得强而有力。也许生活是有缺陷，但生活的意义却是给人们同样的机会，有信心和勇气去争取，就会战胜自身的缺陷，在生命的困顿中出人头地，找到生活的意义。

在坎坷的路途上，坚强勇敢的人捉得住机会，他们战胜了，他们存活下来了，他们就出人头地！我们每一个人都要经历磨难，我们不应该被磨难压弯了脊柱，而应做一个把苦难打倒的坚韧之人。

在弱者眼里，苦难是鞋里的细沙；而在强者眼里，苦难则是一颗华丽的珍珠。苦难让我们变得更加坚强，苦难让我们始终保持着清醒的头脑，苦难让我们知道我们所拥有的都是来之不易的，它让我们学会了对生活的感恩，学会了对生活的珍惜……

感谢苦难，感谢那曾经带给我们无限痛苦的命运女神。

困难是弹簧，你弱它就强

成就平平的人往往是善于发现困难的"天才"，他们善于在每一项任务中都看到困难。他们莫名其妙地担心前进路上的困难，这使他们勇气尽失。他们对于困难似乎有惊人的"预见"能力。一旦开始行动，他们就开始寻找困难，时时刻刻等待着困难的出现。当然，最终他们发现了困难，并且被困难击败。这些人似乎戴着一副有色眼镜，除了困难，他们什么也看不见。他们前进的路上总是充满了"如果"、"但是"、"或者"和"不能"。这些东西足以使他们止步不前。

一个向困难屈服的人必定会一事无成，很多人不明白这一点。一个人的成就与他战胜困难的能力成正比。他战胜越多别人所不能战胜的困难，他取得的成就也就越大。如果你足够强大，那么困难和障碍会显得微不足道；如果你很弱小，那么障碍和困难就显得难以克服。有的人虽然知道自己要追求什么，却畏惧成功道路上的困难。他们常常把一个小小的困难想象得比登天还难，一味地悲观叹息，直到失去了克服困难的机会。那些因为一点点困难就止步不前的人，与没有任何志向、抱负的庸人无异，他们终将一事无成。

成就大业的人，面对困难时从不犹豫徘徊，从不怀疑自己克服困难的能力，他们总是能紧紧抓住自己的目标。对他们来说，自己的目标是伟大而令人兴奋的，他们会向着自己的目标坚持不懈地攀登，而暂时的困难对他们来说则微不足道。伟人只关心一个问题："这件事情可以完成吗？"而不管他将遇到多少困难。只要事情是可能的，所有的困难就都可以克服。

我们随处可见自己给自己制造障碍的人。在每一个学校或公司董事会中或多或少地都有这样的人。他们总是善于夸大困难，

小题大做。如果一切事情都依靠这种人，结果就会一事无成。如果听从这些人的建议，那么一切造福这个世界的伟大创造和成就都不会存在。

一个会取得成功的人也会看到困难，却从不惧怕困难，因为他相信自己能战胜这些困难，他相信一往无前的勇气能扫除这些障碍。有了决心和信心，这些困难又能算得了什么呢？对拿破仑来说，阿尔卑斯山算不了什么。并非阿尔卑斯山不可怕，冬天的阿尔卑斯山几乎是不可翻越的，但拿破仑觉得自己比阿尔卑斯山更强大。

虽然在法国将军们的眼里，翻越阿尔卑斯山太困难了，但是他们那伟大领袖的目光却早已越过了阿尔卑斯山上的终年积雪，看到了山那边碧绿的平原。

乐观地面对困难，多一些快乐，少一些烦恼，你会惊奇地发现，这不仅会使你的工作充满乐趣，还会让你获得幸福。你会发现，自己成了一个更优秀、更完美的人。你用充满阳光的心灵轻松地去面对困难，就能保持自己心灵的和谐。而有的人却因为这些困难而痛苦，失去了心灵的和谐。

你怎样看待周围的事物完全取决于你自己的态度。每一个人的心中都有乐观向上的力量，它使你在黑暗中看到光明，在痛苦中看到快乐。每一个人都有一个水晶镜片，可以把昏暗的光线变成七色彩虹。

夏洛特·吉尔曼在他的《一块绊脚石》中描述了一个登山的行者，突然发现一块巨大的石头摆在他的面前，挡住了他的去路。他悲观失望，祈求这块巨石赶快离开。但它一动不动。他愤怒了，大声咒骂，他跪下祈求它让路，它仍旧纹丝不动。行者无助地坐在这块石头前，突然间他鼓起了勇气，最终解决了困难。用他自己的话说："我摘下帽子，拿起我的手杖，卸下我沉重的负担，我径直向着那可恶的石头冲过去，不经意间，我就翻了过去，好像它根本不存在一样。如果我们下定决心，直面困难，而不是畏缩不前，那么，大部分的困难就根本不算什么困难。"

苦难让生命散发芳香

人生路漫漫，充满了鲜花，也充满了荆棘；充满了幸福，也充满了痛苦。不测是时时刻刻都存在的，学业的失意、疾病的折磨、自信的受损、亲人离去的悲痛……在踏上人生路途的时候，我们就该明白前途的坎坷。要接受温润的春和赤烈的夏，就必须接受清冷的秋和寒冽的冬，正像茶叶一样，我们要坦然面对沉浮，让生命散发芳香……

高尔基曾说："苦难是人生最好的大学。"生活中，不是因为苦难本身有多么神秘和令人向往，而是因为经历了苦难后，人就会愈挫愈坚，无往不胜。

在一次宴会上，人们就一幅油画是表现古希腊神话还是历史发生了争论。主人眼看争论越来越激烈，就转身找他的一个仆人来解释这幅画。使客人们大为惊讶的是，这个仆人的说明是那样清晰明了，那样深具说服力。争论马上就平息了下来。

"先生，您是从什么学校毕业的？"一位客人很尊敬地问道。

"我在很多学校学习过，先生。"年轻人回答，"但是，我学的时间最长、收益最大的学校是苦难。"

这个年轻人为苦难的课程付出的学费是很有益的。尽管他当时只是一个贫穷低微的仆人，但不久以后他就以其超群的智慧使整个欧洲为之震惊。他就是那个时代法国最伟大的天才——法国哲学家和作家卢梭。

上帝创造天才的方式常常独特得不可思议，其实，这其中秘密之一即是苦难。

其实对于每一个人来说，苦难都可以成为礼物或是灾难，你无须祈求上帝保佑、菩萨显灵，选择权就在你自己手里。一个人的可贵之处，就是不轻易被苦难压倒，不轻易因苦难放弃希望，不轻易让苦难伤害自己蓬勃向上的心灵。

弥尔顿，这位英国伟大的诗人，这位失去了光明的战士，这位坚强地立足于苍茫大地的人，在描述自我的境遇时，是这样自勉的："在茫茫的岁月里／我这无用的双眼／再也瞧不见太阳、月亮和星星／男人和女人／但我并不埋怨／我还能勇往直前。"弥尔顿、贝多芬和帕格尼尼，他们三位被称为世界文艺史上的三大怪杰，居然一个成了盲人、一个成了聋人、一个成了哑巴！或许这正是上帝用他的搭配论摁着计算器早已计算搭配好了的。

苦难，在这些不屈的人面前，会化为一种礼物，一种人格上的成熟与伟岸，一种意志上的顽强和坚韧，一种对人生和生活的深刻认识。然而，对大多数人来说，苦难是噩梦、是灾难，甚至是毁灭性的打击。

苦难是最好的大学，当然，你必须首先不被其击倒，然后才能成就自己。在弱者的眼里，苦难是魔鬼；在强者的眼里，苦难则是天使。苦难让我们变得坚强，苦难让我们始终保持着清醒的头脑，苦难让我们知道一切都是如此来之不易……感谢苦难，感谢那曾经带给我们无限苦痛的"命运女神"。

不能改变环境，就学着适应它

诸葛亮说："腐儒俗士岂识时务，识时务者在乎俊杰。"什么是识时务呢？识时务即指认清事物的变化方向，了解问题的特征，就如同垂钓之人了解鱼的习性，懂得这样做的人才是高明之人，才堪称俊杰。

很多人都在问："社会变化了，我能够做什么？"这个问题给很多人造成了心理障碍，让他们陷入了痛苦的深渊。如果你的天赋和内心要求你从事木工工作，那么你就做一个木匠；如果你的天赋和内心要求你从事医学工作，那么你就做一名医生。人的生存离不开环境，环境一旦变化，我们就必须随时调整自己的观念、思想、行动及目标以适应这种变化，这是生存的客观法则。

但是，有时环境的发展与我们的事业目标、欲望、兴趣、爱好等发展是不合拍的，有时甚至会阻碍、限制我们的欲望和能力的发展。在这种时候，如果我们有能力、有办法来适应环境，使之满足我们能力和欲望的发展需求，则是最难能可贵的。

刚刚从某高校音乐学院毕业的小李，被分配到一家国企的工会做宣传工作。刚开始，他很苦恼，认为自己的专业才能与工作不对口，在这里长期干下去，不但自己的前途会耽误，而且自己的专长也可能被荒废。于是，他四处活动，想调到一个适合自己发展的单位。可是，几经折腾，终未成功。之后，他便死心塌地地安守在这个工作岗位上，并发誓要改变"英雄无用武之地"的状况。他找到单位工会主席，提出了自己要为企业组建乐队的计划。正好这个企业刚从低谷走出来，扭亏为盈，开始进入高速发展时期，自然也想大张旗鼓地宣传企业形象，提高产品的知名度，就欣然同意了他的计划。他来了精神，跑基层、寻人才、买器具、设舞台、办培训，不出半年，就使乐团初具规模。两年以后，这个企业乐团的演奏水平已成为全市一流，而且堪与专业乐团相媲美，而他自己也成了全市知名度较高的乐队经理。

通过自己的努力，他完全改变了自己所处的环境，化劣势为优势，不但开辟出自己施展才能的用武之地，而且培养了自己的领导管理才能，为自己以后寻求更大的发展奠定了坚实的基础。

适应环境需要许多条件，但最重要的是你的信心与智慧，它们相辅相成、缺一不可，有了适应环境的决心和勇气，肯定能够想出解决问题的好方法。但现实生活中，有的人却不这样，他们改变不了环境，也不利用环境去努力寻找、创造新的机会，而是怨天尤人、自暴自弃，以致一生难有任何作为。

其实，我们经常会身处一种陌生、被动的环境中，而环境本身往往又是不容易被改变的。这时正确的做法就是适应环境，在适应中改变自己、提升自己。正如一句话所说的："自己的命运掌握在自己手中。"当你无法改变身处的环境时，就应该以一种积极、向上的态度去适应它，当你付出勤奋、努力后，便会发现成功已悄然来临。如果有一天你实现了自己的人生目标，你应该自豪地对自己说："我掌握了命运，这都是我适时调整自己的结果。"

环境是一个极其复杂的人生大背景、大舞台。在这个大环境中，个人的命运与时代的脉搏、国家的兴衰、工作群体的变化息息相关。无论是国家形势的大变，还是工作环境的小变，都可能引起个人前途命运的变化，或是给个人的事业带来发展的机遇，或是限制阻碍个人的前进道路。

一个人要想生存，要想成为强者，就必须紧跟时代的步伐一起前进。也就是说，我们要想改变生存环境，必须首先顺应生存环境的发展变化。如果一个人想改变生存环境，却不能首先顺应环境的发展变化，那么，想改变环境的目的则是不可能达到的。

化困境为一种历练

亨利的父亲过世了，他还有一个两岁大的妹妹，母亲为了这个家整日操劳，但是赚的钱难以让这个家的每个人都能填饱肚子。看着母亲日渐憔悴的样子，亨利决定帮妈妈赚钱养家，因为他已经长大了，应该为这个家贡献一份自己的力量了。

一天，他帮助一位先生找到了丢失的笔记本，那位先生为了答谢他，给了他 1 美元。亨利用这 1 美元买了 3 把鞋刷和 1 盒鞋油，还自己动手做了个木头箱子。带着这些工具，他来到了街上，每当他看见路人的皮鞋上全是灰尘的时候，就对那位先生说："先生，我想您的鞋需要擦油了，让我来为您效劳吧？"他对所有的人都是那样有礼貌，语气是那么真诚，以至于每一个听他说话的人都愿意让这样一个懂礼貌的孩子为自己的鞋擦油。他们实在不愿意让一个可怜的孩子感到失望，面对这么懂事的孩子，怎么忍心拒绝他呢！就这样，第一天他赚了 50 美分，他用这些钱买了一些食品。他知道，从此以后每一个人都不再挨饿了，母亲也不用像以前那样操劳了，这是他能办到的。当母亲看到他背着擦鞋箱，带回来食品的时候，她流下了高兴的泪水，说："你真的长大了，亨利。我不能赚足够的钱让你们过得更好，但是我现在相信我们将来可以过得更好。"就这样，亨利白天工作，晚上去学校上课。他赚的钱不仅为自己交了学费，还足够维持母亲和小妹妹的生活了。

其实，生活中有许多人与亨利一样，但是有很多人却被环境的困难和阻碍击倒了。然而，有许多人，因为一生中没有同"阻碍"搏斗的机会，又没有充分的"困难"足以刺激起其内在的潜伏能力，于是默默无闻。阻碍不是我们的仇敌，而是恩人，它能锻炼起我们"战胜阻碍"的种种能力。森林中的大树，要不经历暴风猛雨，树干就不能长得结实。同样，人不遭遇种种阻碍，他的人格、本领是不会得到提高的，所以一切的磨难、困苦与悲哀，都是足以锻炼我们的。

一个大无畏的人，愈为环境所困，反而愈加奋勇。不战栗，不逡巡，胸膛直挺，意志坚定，敢于对付任何困难，轻视任何厄运，嘲笑任何阻碍。因为忧患、困苦，反而可以加强他的意志、力量与品格，而使他成为人上之人——这才是世间最可敬佩、最可羡慕的一种人物。

人这一辈子总有一个时期需要卧薪尝胆

看一个人是否成功，我们不能看他成功的时候或开心的时候怎么过，而要看其在不顺利的时候，在没有鲜花和掌声的落寞日子里怎么过。

有句话是这么说的："在前进的道路上，如果我们因为一时的困难就将梦想搁浅，那只能收获失败的种子，我们将永远不能品尝到成功这杯美酒芬芳的味道。"

20 世纪 90 年代，史玉柱是中国商界的风云人物。他通过销售巨人汉卡迅速赚取超过亿元的资本，凭此赢得了巨人集团所在地珠海市第二届科技进步特殊贡献奖。那时的史玉柱事业达到了顶峰，自信心极度膨胀，似乎没有什么事做不成。也就是在获得诸多荣誉的那年，史玉柱决定做点儿"刺激"的事：要在珠海建一座巨人大厦，为城市争光。

大厦最开始是 18 层，但史玉柱的手在一次又一次地跟中央高层握过之后，层数节节攀升，一直飚到 72 层。此时的史玉柱，明知大厦的预算超过十亿，手里的资金只有两亿，还是不停地加码。最终，巨人大厦的轰然倒地让不可一世的史玉柱尝尽了苦头。他曾经在最后的关头四处奔走寻觅资金，但"所有的谈判都失败了"。

随之而来的是全国媒体的一哄而上，成千上万篇文章骂他，欠下的债也是个极其恐怖的数字。史玉柱最难熬的日子是 1998 年上半年，那时，他连一张飞机票也买不起。"有一天，为了到无锡去办事，我只能找副总借钱，他个人借了我一张飞机票的钱——1000 元。"到了无锡后，他住的是 30 元一晚的招待所。女招待员认出了他，没有讽刺他，反而给了他一盆水果。那段日子，史玉柱一贫如洗。如果有人给那时的史玉柱拍摄一些照片，那上面的脸孔必定是极度张狂到失败后的落寞，焦急、忧虑是那时史玉柱最生动的写照。

经历了这次失败，史玉柱开始反思。他觉得性格中一些癫狂的成分是他失败的原因。他想找一个地方静静，于是就有了一年多的南京隐居生活。

在中山陵前面有一片树林，史玉柱经常带着一本书和一个面包到那里充电。那段时间，他读了许多书，在史玉柱看来，这些书都比较"悲壮"。那时，他每天 10 点多左右起床，然后下楼开车往林子那边走，路上会买好面包和饮料。部下在外边做市场，他只用手机遥控。晚上快天黑了就回去，在大排档随便吃一点儿，一天就这样过去了。

后来有人说，史玉柱之所以能"死而复生"，就是得益于那时候的"卧薪尝胆"。他是那种骨子里希望重新站起来的人。事业可以失败，精神上却不能倒下。经过一段时间的修身养性，他逐渐找到了自己失败的症结：之前的事业过于顺利，所以忽视了许多潜在的隐患。不成熟，盲目自大，野心膨胀。这些，就是他

性格中的不安定因素。

他决心从头再来，此时，史玉柱身体里"坚强"的秉性体现出来。他在那次珠峰以及多次省心之旅后踏上了负重的第二次创业。这次事业的起点是保健品脑白金。

因为之前的巨人大厦事件，全国上下已经没有几个人看好史玉柱。他再次的创业只是被更多的人看做赌徒的又一次疯狂。但脑白金一经推出，就迅速风靡全国，到 2000 年，月销售额达到 1 亿元，利润达到 4500 万。自此，巨人集团奇迹般的复活。虽然史玉柱还是遭到全国上下诸多非议，但不争的事实却是，史玉柱曾经的辉煌确实慢慢回来了。

赚到钱后，他没想着为自己谋多少私利，他做的第一件事就是还钱。这一举动，再次使其成为众人的焦点。因为几乎没有人能够想到史玉柱有翻身的一天，更没想到这个曾经输的一贫如洗的人能够还钱。但他确实做到了。

认识史玉柱的人，总说这些年他变化太大。怎么能没有变化呢？一个经历了大起大落的人，内心总难免泛起些波澜。而对于史玉柱，改变最多的，大概是心态和性格。几番沉浮，很少有人再看到他像早些年那样狂热、亢奋、浮躁，更多的是沉稳、坚韧和执著。即使在十分危急的关头，他也是一副胸有成竹、不慌不忙的样子。

回想自己早年的失败时，史玉柱曾特意指出，巨人大厦"死"掉的那一刻，他的内心极其平静。而现在，身价百亿的他也同样把平静作为自己的常态。只是，这已是两种不同的境界。前者的平静大概象征一潭死水，后者则是波涛过后的风平浪静。起起伏伏，沉沉落落，有些人生就是在这样的过程中变得强大和不可战胜。良好的性情和心态是事业成功的关键，少了它们，事业的发展就可能徒增许多波折。

人生难免有低谷的时候，在这样的时刻，我们需要的就是忍受寂寞，卧薪尝胆。就像当年越王勾践那样，在三年的时间里，作为失败者他饱受屈辱。被放回越国之后，他选择了在寂寞中品尝苦胆，铭记耻辱，奋发图强，最终得以雪耻。

不要羡慕别人的辉煌，也不要眼红别人的成功，只要你能忍受寂寞，满怀信心地去开创，默默付出，相信生活一定会给你丰厚的回报。

祸福相依，悲痛之中暗藏福分

托尔斯泰在他的散文名篇《我的忏悔》中讲了这样一个故事：

一个男人被一只老虎追赶而掉下悬崖，庆幸的是在跌落过程中他抓住了一棵生长在悬崖边的小灌木。此时，他发现，头顶那只老虎正虎视眈眈，低头一看，悬崖底下还有一只老虎；更糟的是，两只老鼠正在啃咬悬着他生命的小灌木的根须。绝望中，他突然发现附近生长着一簇野草莓，伸手可及。于是，这人拽下草莓，塞进嘴里，自语道："多甜啊！"

生命进程中，当痛苦、绝望、不幸和危难向你逼近的时候，你是否还能享受一下野草莓的滋味？"尘世永远是苦海，天堂才有永恒的快乐"，是禁欲主义编撰的用以蛊惑人心的谎言，而苦中求乐才是快乐的真谛。

人生是一张单程车票，一去不复返。陷在痛苦泥潭里不能自拔，只会与快乐无缘。告别痛苦的手得由你自己来挥动，享受今天盛开的玫瑰的捷径只有一条：坚决与过去分手。

"祸福相依"最能说明痛苦与快乐的辩证关系，贝多芬"用泪水播种欢乐"的人生体验生动形象地道出了痛苦的正面作用，传奇人物艾柯卡的经历更传神地阐明了快乐与痛苦的内在联系。

艾柯卡靠自己的奋斗终于当上了福特公司的总经理。1978 年 7 月 13 日，有点儿得意忘形的艾柯卡被大老板亨利·福特开除了。在福特工作已 32 年，当了 8 年总经理，一帆风顺的艾柯卡突然间失业了。艾柯卡痛不欲生，他开始酗酒，对自己失去了信心，认为自己要彻底崩溃了。

就在这时，艾柯卡接受了一个新挑战——应聘到濒临破产的克莱斯勒汽车公司出任总经理。凭着他的智慧、胆识和魅力。艾柯卡大刀阔斧地对克莱斯勒进行了整顿、改革，并向政府求援。他舌战国会议员，取得了巨额贷款，重振企业雄风。在艾柯卡的领导下，克莱斯勒公司在最黑暗的日子里推出了 K 型车的计划，此计划的成功令克莱斯勒起死回生，成为仅次于通用汽车公司、福特汽车公司的第三大汽车公司。1983 年 7 月 13 日，艾柯卡把生平仅有的面额高达 813 亿美元的支票交到银行代表手里，至此，克莱斯勒还清了所有债务，而恰恰是 5 年前的这一天，亨利·福特开除了他。事后，艾柯卡深有感触地说：奋力向前，哪怕时运不济；永不绝望，哪怕天崩地裂。

"痛苦像一把犁，它一面犁破了你的心，一面掘开了生命的新起源。"古人讲："不知生，焉知死？"不知苦痛，怎能体会到幸福和快乐？痛苦就像一枚青青的橄榄，品尝后才知其甘甜，这品尝需要勇气！其实，要让自己幸福非常简单，那就是少一分欲望，多一分自信；在身处绝境时，懂得苦中求乐，懂得咬牙坚持才是人生的真谛。

精神的喜悦能够弥补肉身的苦楚

从疾病中战胜病魔，从奄奄一息中战胜死亡，从逆境中战胜困难，这些都是真正的胜利。尽管在这个过程中，当事人的身体上可能要承受很大的痛苦，可是等到了胜利以后，那份来自精神上的喜悦，早已经让人们忘记了最初的疼痛。

1985 年，美国女孩辛蒂还在医科大学念书。有一次，她到山上散步，带回一些蚜虫。她拿起杀虫剂为蚜虫去除化学污染，却感觉到一阵痉挛，原以为那只是暂时性的症状，谁料她的后半生从此陷入不幸。

杀虫剂内所含的某种化学物质使辛蒂的免疫系统遭到破坏，使她对香水、洗发水以及日常生活中接触的一切化学物质一律过敏，连空气也可能使她的支气管发炎。这种"多重化学物质过敏症"，到目前为止仍无药可医。

起初几年，她一直流口水，尿液变成绿色，有毒的汗水刺激背部形成了一块块疤痕。她甚至不能睡在经过防火处理的床垫上，否则就会引发心悸和四肢抽搐。后来，她的丈夫用钢和玻璃为她盖了一所无毒房间，一个足以逃避所有威胁的"世外桃源"。辛蒂所有吃的、喝的都得经过选择与处理，她平时只能喝蒸馏水，食物中不能含有任何化学成分。

很多年过去了，辛蒂没有见到过一棵花草，听不见一声悠扬的歌声，感觉不到阳光、流水和风。她躲在没有任何饰物的小屋里，饱尝孤独之余，甚至不能哭泣，因为她的眼泪跟汗液一样也是有毒的物质。

然而，坚强的辛蒂并没有在痛苦中自暴自弃，她一直在为自己，同时更为所有化学污染物的牺牲者争取权益。1986 年，她创立了"环境接触研究网"，以便为那些致力于此类病症研究的人士提供一个窗口。1994 年辛蒂又与另一组织合作，创建了"化学物质伤害资讯网"，保证人们免受威胁。目前这一资讯网已有来自 32 个国家的 5000 多名会员，不仅发行了刊物，还得到美国、欧盟及联合国的大力支持。

在面对记者的采访时，她说："如果是曾经的苦难换回了今天的成绩，那么我所承受的一切痛苦都是值得的。"

很多人抱怨苦难，害怕苦楚，是因为他们没有体会到胜利后的喜悦。真正有成就的人，他们不会惧怕生活的考验，而只怕生活给予他们的考验不够多。

上帝似乎很热衷这种游戏，即在经过了苦楚之后再赠与人们甘甜。所以，如果我们的身体还在受苦，就应该提前释放自己的精神，用自己的思想指引行动，从而战胜一切的困难。而当我们实现了最终的胜利，得到了精神上的喜悦时，我们就会像辛蒂一样，对曾经承受的肉体上的苦难报以感谢了。

正确和欣然地去接受痛苦

很多人惧怕悲哀的事情，因为忧愁和损失同时到来的时候，我们很容易产生万念俱灰的沮丧情绪。而那个时候正是我们是在跟命运作战的时候，即使是受了打击也不能消沉，因为一旦我们自己失去了作战的信心和动力，那么我们就只能做失败者了。所以，要勇敢地面对悲哀，又要做命运的胜者，是一件太难的事情。

这样的思想是不正确的，因为它夸大了悲哀的负面效应。其实有时候悲哀不是单纯的苦涩，乐观自信的人即使是面临困境，也能找到对自己的有利之处。

莲娜有一个悲惨的童年，10岁时母亲因病去世，由于父亲是一个长途汽车司机，经常不在家，也无法提供莲娜正常的生活所需。因此，莲娜自从母亲过世以后，就必须自己洗衣做饭，照顾自己。

然而，老天爷并没有特别关照她。当她17岁时，父亲在工作中不幸因车祸丧生。从此莲娜再也没有亲人能够倚靠了。

可是，噩梦还没有结束，在莲娜走出悲伤，开始独立养活自己之时，却在一次工程事故中，失去了左腿。

然而，一连串的意外与不幸，反而让莲娜养成了坚强的性格。她独立面对随之而来的生活不便，也学会了拐杖的使用，即使不小心跌倒，她也不愿伸手请求别人帮忙。最后，她将所有的积蓄算了算，正好足够开一个养殖场。

　　但老天爷似乎真的存心与她过不去，一场突如其来的大水，将她的最后一丝希望都夺走了！

　　莲娜终于忍无可忍了，她气愤地来到神殿前，怒气冲冲地责问上帝"你为什么对我这么不公平？"

　　上帝听到责骂，现身后满脸平静地反问："哪里不公平了？"

　　莲娜将她的不幸，一五一十地仔细说给上帝听。

　　上帝听完了莲娜的遭遇后，又问："原来是这样啊！的确很凄惨，那么，你干吗还要活下去呢？"

　　莲娜听到上帝这么嘲讽她，气得颤抖地说："我不会死的！我经历了这么多不幸的事，已经没有什么能让我感到害怕。总有一天我会靠着自己的力量，创造自己的幸福！"

　　上帝这时转身朝向另一个方向，"你看！"他对莲娜说，"这个人生前比你幸运许多，他可以说是一路顺风地走到生命的终点。不过，他最后一次的遭遇却和你一样，在那场洪水里，他也失去了所有的财富。不同的是，他之后便绝望地选择了自杀，而你却坚强地活了下来！"

　　正是悲惨的生活成就了莲娜的坚强，所以生活的悲哀并不仅仅如同表象展示出来的那样，只是带给我们伤痛的，而是在用另一种方式来完善我们的精神。

在哀痛者的心里，悲伤的往事无疑会划下不可磨灭的痕迹，然而若能正确和欣然地接受它，就能发挥出巨大的作用。因为没有经历过苦楚的人，内心之中不能升华出伟大的情操。而只有经历过哀伤的人，才能在重压之下变得更加坚强、更加勇敢。

撑伞自度，才有晴空万里

什么是真正的人生？

在这样纷繁复杂的人生中，若想保持一颗清净的心，则需要一颗佛心，虽然我们并未成佛，但是可学其精神，自己将自己从人生的种种困境中解脱出来。

自我求得解脱的人，一念存好心，一念生净土；一念离烦恼，一念见净土。

有个僧人要求下山云游，元安禅师考问他："四面都是山，你要往何处去？"

他参悟不出其中禅机，便愁眉苦脸的转身而去。路过菜园时，恰巧遇到善静和尚正在园中劳作。

善静和尚问他："师兄，你为何闷闷不乐？"

僧人便将发生的事情一五一十地告诉了他。

善静和尚微笑着说："竹密岂妨流水过，山高怎阻野云飞。"

是啊，不管人生遭遇了怎样的困境，即使群山环绕，只要有决心，依然能够将座座高山踏在脚下。

人生本是苦海。若烦恼缠身太久，又不曾尝试着用自己的力量去解决，那么总有一天，我们心中会生起一股浓得化不开的厌倦：难道生命就是这样日复一日、年复一年，像机械一般运转？被苦恼和病痛、死亡所全面控制和摆布吗？

心中竖起的一座又一座高山，压得我们喘不过气来，也挡住了我们本来清明的视野。怎样才能飞越这层峦叠嶂呢？唯有自己拄杖上路，翻越所有阻挡去路的山峰，才能够获得最开阔的视野，就像是在雨中，唯有自己撑开一把伞，才能有一片属于自己的空间。

天助自助者。困难重重的时刻，即使有再多热心的人想要帮助你，但是如果你没有一颗进步的心，那么，那些有意于帮助你的人便相当于零。佛理也是如此，可以助人修行，却不能帮你成佛，唯有自性自度。这个道理其实很简单，人人都要自求解脱，自性自度，除了自我得救，谁都救不了你。

世上无难事，只怕有心人！世上没有不可逾越的障碍，只要下定决心，一切困难都能迎刃而解。关键在于你是否准备好了，做自己生命的救世主！

人生没有绝境，只有绝望

　　企业家卡尔森原是一个身无分文的穷光蛋，但是他从没对自己有一天能成为富翁产生过怀疑。即使在十分被动和不利的条件下，他依然能够顽强进取，积极寻找成功的机会。他这种积极的心态帮助了他，面对现状，他没有沮丧和气馁，而是力求向上，力求改变现状，这种心态终于使他创富成功。

　　有一次，卡尔森发现了一个商机。于是他借钱办了一个制造玩具沙漏的厂。沙漏是一种古董玩具，它在时钟未发明前用来测每日的时辰；时钟问世后，沙漏已完成它的历史使命，而卡尔森却把它作为一种古董来生产销售。本来，沙漏作为玩具，趣味性不多，孩子们自然不大喜欢它，因此销量很小。但卡尔森一时找不到其他比较适合的工作，只能继续干他的老本行。沙漏的需求量越来越少，卡尔森最后只得停产。但他并不气馁，他完全相信自己能够克服眼前的困难，于是他决定先好好休息，轻松一下，他便每天都找些娱乐项目，看看棒球赛，读读书，听听音乐，或者领着妻子、孩子外出旅游，但他的头脑一刻也没有停止思考。

机会终于来了，一天，卡尔森翻看一本讲赛马的书，书上说："马匹在现代社会里失去了它运输的功能，但是又以高娱乐价值的面目出现。"在这不引人注目的两行字里，卡尔森好像听到了上帝的声音，高兴地跳了起来。他想："赛马骑用的马匹比运货的马匹值钱。是啊！我应该找出沙漏的新用途！"就这样，从书中偶得的灵感，使卡尔森精神重新振奋起来，把心思又全都放到沙漏上。经过几天苦苦的思索，一个构思浮现在他的脑海：做个限时3分钟的沙漏，在3分钟内，沙漏里的沙子就会完全落到下面来，把它装在电话机旁，这样打长途电话时就不会超过3分钟，电话费就可以有效地控制了。

想好了以后，他就开始动手制作。这个东西设计上非常简单，把沙漏的两端嵌上一个精致的小木板，再接上一条铜链，然后用螺丝钉钉在电话机旁就行了。不打电话时还可以作装饰品，看它点点滴滴落下来，虽是微不足道的小玩意儿，却能调剂一下现代人紧张的生活。担心电话费支出的人很多，卡尔森的新沙漏可以有效地控制通话时间，售价又非常便宜。因此一上市，销量就很不错，平均每个月能售出3万个。这项创新使原本没有前途的沙漏转瞬间成为对生活有益的用品，销量成倍地增加，面临倒闭的小厂很快变成一个大企业。卡尔森也从一个即将破产的小业主摇身一变，成了腰缠万贯的富豪。

卡尔森成功了，赚了大钱，而且是轻轻松松，没费多大力气。如果他不是一个心态积极的人，如果他在暂时的困难面前一蹶不振，那么他就不可能东山再起，成为富豪。困境的存在与否，不是你能左右的，然而，对困境的回应方式与态度却完全操之在你。你可能因内心痛苦而恶言恶行，也可以将痛苦转化为诗篇，而是此是彼，则有待于你来抉择。艰苦岁月中，你也许没有选择的余地，但是，你却可以决定自己怎样去面对这种岁月。积极面对问题也许要有无比的勇气。"天无绝人之路"的想法，就是所谓的"可能性思考"。它代表一种积极进取的心态。但说它积极并不等于说它是万灵丹，能解决人生的所有问题。不过，你若相信"天无绝人之路"，以积极的态度面对困境，那么，在"天助自助"的情况下，你大部分的问题是可以解决的。

第四章

温柔相待诸般不美好，
在不完美中寻找完美自己

BU SHENGQI
NI JIU YING LE :
BIE RANG NI DE RENSHENG
SHU ZAI QINGXU SHANG

不完满才是人生

一位名叫奥里森的人希望寻找到一个完美的人生，他某天有幸遇到了一位女士，她告诉奥里森她能帮他实现愿望，并把他带到了一所房子前让他选择他的命运。奥里森谢过了她，向隔壁的房间走去。里面的房间有两个门，第一个门上写着"终生的伴侣"，另一个门上写的是"至死不变心"。奥里森忌讳那个"死"字，于是便迈进了第一个门。接着，又看见两个门，左边写着"美丽、年轻的姑娘"，右面则是"富有经验、成熟的妇女和寡妇们"。当然可想而知，左边的那扇门更能吸引奥里森的心。可是，进去以后，又有两个门。上面分别写的是"苗条、标准的身材"和"略微肥胖、体型稍有缺陷者"。用不着多想，苗条的姑娘更中奥里森的意。

奥里森感

到自己好像进了一个庞大的分拣器，在被不断地筛选着。下面分别看到的是他未来的伴侣操持家务的能力，一扇门上是"爱织毛衣、会做衣服、擅长烹调"，另一扇门上则是"爱打扑克、喜欢旅游、需要保姆"。当然爱织毛衣的姑娘又赢得了奥里森的心。

他推开了把手，岂料又遇到两个门。这一次，令人高兴的是，介绍所把各位候选人的内在品质也都分了类，两个门分别介绍了她们的精神修养和道德状态："忠诚、多情、缺乏经验"和"天才，具有高度的智力"。

奥里森确信，他自己的才能已能够应付全家的生活，于是，便迈进了第一个房间。里面，右侧的门上写着"疼爱自己的丈夫"，左侧写的是"需要丈夫随时陪伴她"。当然奥里森需要一个疼爱他的妻子。下面的两个门对奥里森来说是一个极为重要的抉择：上面分别写的是"有遗产，生活富裕，有一幢漂亮的住宅"和"凭工资吃饭"。理所当然地，奥里森选择了前者。奥里森推开了那扇门，天啊……已经上了马路了！那位身穿浅蓝色制服的门卫向奥里森走来。他什么话也没有说，彬彬有礼地递给奥里森一个玫瑰色的信封。奥里森打开一看，里面有一张纸条，上面写着："您已经'挑花了眼'。"

人不是十全十美的。在提出自己的要求之前，应当客观地认识自己。像奥里森那样渴求人生的完美，不仅对自己的心灵带来

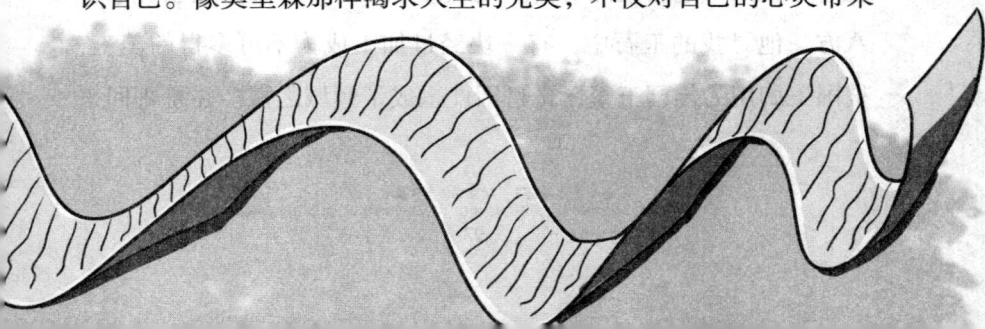

沉重负担，也是"不可能完成的任务"。其实人生当有不足才是一种"圆满"，因为不完美才让人们有盼头、有希望。古人常说人生不如意事十之八九，聪明的人应该明白这个道理。

古时候，一户人家有两个儿子。当两兄弟都成年以后，他们的父亲把他们叫到面前说：在群山深处有绝世美玉，你们都成年了，应该做探险家，去寻求那绝世之宝，找不到就不要回来。兄弟俩次日就离家出发去了山中。

大哥是一个注重实际不好高骛远的人。有时候，发现的是一块有残缺的玉，或者是一块成色一般的玉甚至那些奇异的石头，他都统统装进行囊。过了几年，到了他和弟弟约定的汇合回家的时间。此时他的行囊已经满满的了，尽管没有父亲所说的绝世完美之玉，但造型各异、成色不等的众多玉石，在他看来也可以令父亲满意了。

后来弟弟来了，两手空空，一无所得。弟弟说，你这些东西都不过是一般的珍宝，不是父亲要我们找的绝世珍品，拿回去父亲也不会满意的。我不回去，父亲说过，找不到绝世珍宝就不能回家，我要继续去更远更险的山中探寻，我一定要找到绝世美玉。哥哥带着自己的那些东西回到了家中。父亲说，你可以开一个玉石馆或一个奇石馆，那些玉石稍一加工，都是稀世之品，那些奇石也是一笔巨大的财富。短短几年，哥哥的玉石馆已经享誉八方，他寻找的玉石中，有一块经过加工成为不可多得的美玉，被国王御用为传国玉玺，哥哥因此也成了倾城之富。在哥哥回来的时候，父亲听了他介绍弟弟探宝的经历后说，你弟弟不会回来了，他是一个不合格的探险家，他如果幸运，能中途所悟，明白至美是不存在的这个道理，是他的福气。如果他不能早悟，便只能以付出一生为代价了。

很多年以后，父亲的生命已经奄奄一息。哥哥对父亲说要派人去寻找弟弟。父亲说，不必去找，如果经过了这么长的时间和挫折都不能顿悟，这样的人即便回来又能做成什么事情呢？

世间没有纯美的玉，没有完美的人，没有绝对的事物，为追求这种东西而耗费生命的人，是多么得不值！人也是如此，智者再优秀也有缺点，愚者再愚蠢也有优点。对人多做正面评估，不以放大镜去看缺点，生活中对己宽、对人严的做法，必遭别人唾弃。避免以完美主义的眼光，去观察每一个人，以宽容之心包容其缺点。责难之心少有，宽容之心多些。没有遗憾的过去无法链接人生。对于每个人来讲，不完美是客观存在的，无须苛求，怨天尤人。

苛求完美，生活会和你过不去

"金无足赤，人无完人。"即使是全世界最出色的足球选手，10 次传球，也有 4 次失误；最棒的股票投资专家，也有马失前蹄的时候。我们每个人都不是完人，都有可能存在这样或那样的过失，谁能保证自己的一生不犯错误呢？也许只是程度不同罢了。

如果你不断追求完美，对自己做错或没有达到完美标准的事深深自责，那么一辈子都会背着罪恶感生活。

过分苛求完美的人常常伴随着莫大的焦虑、沮丧和压抑。事情刚开始，他们就担心失败，生怕干得不够漂亮而不安，这就妨碍了他们全力以赴地去取得成功。而一旦遭遇失败，他们就会异常灰心，想尽快从失败的境遇中逃离。他们没有从失败中获取任何教训，而只是想方设法让自己避免尴尬的场面。

很显然，背负着如此沉重的精神包袱，不用说在事业上谋求成功，在自尊心、家庭问题、人际关系等方面，也不可能取得满意的效果。他们抱着一种不正确和不合逻辑的态度对待生活和工作，他们永远无法让自己感到满足。

张爱玲在她的小说《红玫瑰与白玫瑰》中写了男主角佟振保的爱恋，同时也一针见血地道破了男人的心理以及完美之梦的破灭：白玫瑰有如圣洁的恋人，红玫瑰则是热烈的情人。娶了白玫瑰，久而久之，变成了胸口的一粒白米饭，而红玫瑰则有如胸口的痣痣；娶了红玫瑰，年复一年，则

变成蚊帐上的一抹蚊子血，而白玫瑰则仿佛是床前明月光。

事实上，世界上根本就没有真正的"最大、最美"，人们要学会不对自己、他人苛求完美，对自己宽容一些，否则会浪费掉许许多多的时间和精力，最终只能在光阴蹉跎中悔恨。

世界并不完美，人生当有不足。对于每个人来讲，不完美的生活是客观存在的，无须怨天尤人。不要再继续偏执了，给自己的心留一条退路，不要因为不完美而恨自己，不要因为自己的一时之错而埋怨自己。看看身边的朋友，他们没有一个是十全十美的。

完美往往只会成为人生的负担，人绷紧了完美的弦，它却可能发不出优美的声音来。那些爱自己、宽容自己的人，才是生活的智者。

完美只是海市蜃楼的幻想

在佛教的《百喻经》中，有这样一则可笑而发人深省的故事。

有一位先生娶了一个体态婀娜、面貌娟秀的太太，俩人恩恩爱爱，是人人称羡的神仙美眷。这个太太眉清目秀，性情温和，美中不足的是长了个酒渣鼻子，好像失职的艺术家，对于一件原本足以称傲于世间的艺术精品，少雕刻了几刀，显得非常的突兀怪异。

这位先生对于太太的鼻子终日耿耿于怀。一日出外去经商，行经贩卖奴隶的市场，宽阔的广场上，四周人声沸腾，争相吆喝出价，抢购奴隶。广场中央站了一个身材单薄、瘦小清癯的女孩子，正以一双汪汪的泪眼，怯生生地环顾着这群如狼似虎，决定她一生命运的大男人。

　　这位先生仔细端详女孩子的容貌，突然间，他被深深地吸引住了。好极了！这个女孩子的脸上长着一个端端正正的鼻子，不计一切，买下她！

　　这位先生以高价买下了长着端正鼻子的女孩子，兴高采烈，带着女孩子日夜兼程赶回家门，想给心爱的妻子一个惊喜。到了家中，把女孩子安顿好之后，他用刀子割下女孩子漂亮的鼻子，拿着血淋淋而温热的鼻子，大声疾呼：

　　"太太！快出来哟！看我给你买回来最宝贵的礼物！"

　　"什么样贵重的礼物，让你如此大呼小叫的？"太太狐疑不解地应声走出来。

　　"你看！我为你买了个端正美丽的鼻子，你戴上看看。"

　　这位先生说完，突然抽出怀中锋锐的利刃，一刀朝太太的酒渣鼻子砍去。霎时太太的鼻梁血流如注，酒渣鼻子掉落在地上，他赶忙用双手把端正的鼻子嵌贴在伤口处。但是无论他如何地努力，那个漂亮的鼻子始终无法黏在妻子的鼻梁上。

　　可怜的妻子，既得不到丈夫苦心买回来的端正而美丽的鼻子，又失掉了自己那虽然丑陋但是货真价实的酒渣鼻子，并且还受到无端的刀刃创痛。而那位糊涂丈夫的愚昧无知，更叫人可怜！

这个行为虽然让人觉得有些可笑，但是人们追求完美的心理，却与文中那个手拿利刀的丈夫如出一辙。有些人以为自己追求完美的心理是积极向上的表现，其实他们才是最可怜的人，因为他们是在追求不完美中的完美，而这种完美，根本不存在。也就是说他们所有的追求如海市蜃楼，只是一个幻影而已。

俗话说："人无完人，金无足赤。"人生确实有许多不完美之处，每个人都会有这样那样的缺憾，真正完美的人是不存在的，即使是中国古代的四大美女，也有各自的不足之处。历史记载，西施的脚大，王昭君双肩仄削，貂蝉的耳垂太小，杨贵妃还患有狐臭。道理虽然浅显，可当我们真正面对自己的缺陷，生活中不尽如人意之处时，却又总感到懊恼、烦躁。

阳光照不到你的生活，微笑着才发现沿途开满花朵

汪国真有诗云："我微笑着走向生活 / 无论生活以什么方式回敬我 / 报我以平坦吗 / 我是一条欢快奔流的小河 / 报我以崎岖吗 / 我是一座大山挺峻巍峨……"谁能说人生没有遗憾、没有失落，失落中只伴随着忧郁，阳光照不到你的生活；只有微笑着走向生活，才发现原来沿途开满了花朵。

体会了没有脚的痛楚，才明白为没有鞋子而哭泣是多么浅

薄；经历了归途的风雨坎坷，蓦然回首，才发现来时的路却是怎样美丽的一种风景。

没有人能够完全把握前路的东西，但却也没有理由不微笑走向生活……

古语云："甘瓜苦蒂，物不全美。"从理念上讲，人们大都承认"金无足赤，人无完人"。正如世界上没有十全十美的东西一样，也不存在什么精灵通神的完人。但在认识自我、看待别人这一具体问题上，许多人仍然习惯于追求完美，求全责备，对自己要求样样都是，对别人也往往是全面衡量。

任何人总是有优点和缺点两个方面。俗话说"寸有所长，尺有所短"，"十个手指不一般齐"。长处再多的人，也不免有所短；缺点再多的人，也必定有所长。

美国大发明家爱迪生，有一千多项发明，被誉为"发明大王"。但他在晚年，却固执地反对交流输电，一味地主张直流输电；电影艺术大师卓别林创造了深刻而生活的喜剧艺术形象，但他却极力反对有声电影；创立了《相对论》的20世纪最伟大的科学家爱因斯坦，他的智慧带来了科学思想的革命，却不能处理好自己的家庭关系……奥地利圆舞曲之王约翰·施特劳斯逝世 100

周年之际，一本新出版的传记以几百封从未曝光的书信为依据指出，这位创作了《蓝色多瑙河》等许多著名圆舞曲的施特劳斯，其实动作笨拙，不会跳舞。他还害怕阳光，非常胆小，也害怕黑暗，不敢独处，没有半点儿幽默感。真正的施特劳斯与众人想象中的活泼形象完全不同。

这些事实说明，大师、著名人物也都不是完人、超人，也不可能十全十美。他们的缺点和失误比之于他们给予人类的贡献，当然是次要的。但通过这些事实，我们应当明白，人无完人，人生必有缺憾，才是真实的，正常的。

维纳斯塑像的断臂，引得众多的学者、文人、工匠进行思考、论证、试验，想对她的断臂进行重新"安装"。可是，种种假设和计划均告失败。于是，围绕在维纳斯身上的神秘感越来越浓。作为爱神，断臂的维纳斯似乎更受人们的喜爱，也更能引起人们作种种的猜想和遐思。由此可见，并不完美的缺憾之处从某种意义上看不也是一种美吗？

所以，当缺憾也成为一种美的时候，面对生活中仅有的一些不顺利，你除了恬淡接受，泰然处之，还有什么其他的选择吗？

绝对的光明如同完全的黑暗

人人都热爱光明，但绝对的光明是不存在的。如果真出现了绝对的光明，那也就无所谓光明与黑暗了，人们将如同在绝对的黑暗中一样。因此，万事都有缺陷，没有一个是圆满的。人世间做人做事之难，也在于任何事都很少有真正的圆满。但正是有这种不完满的存在，我们才有了丰富多彩的人生。

我们可以这样说，人生的剧本不可能完美，但是可以完整。当你感到了缺憾，你就体验到了人生五味，你便拥有了完整人生——从缺憾中领略完美的人生。

人生在世，起初谁都希望圆满：读书能上自己理想的学校，念自己喜欢的专业，做自己擅长的工作，娶（嫁）自己中意的人……然而，我们绝大多数人经历的也许是这样的生活：上了一个还不错的学校，学了一个不算讨厌的专业，干了一份糊口的工作，和一位还说得过去的人相伴一生。与原来的设定难免会有巨大的悬殊，无论是王侯将相还是凡夫俗子，所有人的人生都会有遗憾，都不会圆满。完美永远只存在于我们的想象中，它是我们的愿望，但却不可实现。

有时候，一时的丰功伟绩，从历史的角度看，却恰恰相反。

乾陵有一块"无字碑"，也称丰碑，是为女皇武则天立的一块巨大的无字石碑。据说，"无字碑"是按武则天本人的临终遗言而立的，其意无非是功过是非由后人评说。武则天辉煌一时，临终前在经历了被逼退位之后，便预见到她身后将面临的无休止的荣辱毁誉的风风雨雨。所以做人做事，不管成功也好，失败也好，不管成功与失败，做到没有后患的，只有最高智慧的人才能够做到，普通人不容易做到，这就是人生在世的最高处。

世上难有真正的圆满，不妨换个角度来看一时的缺陷与失落。台湾作家老刘先生写过这样一则故事：

老刘有一个朋友，单身半辈子，快50岁了，突然结了婚，新娘跟他的年龄差不多，徐娘半老，风韵犹存。只是知道的朋友都窃窃私语："那女人以前是个演员，嫁了两任丈夫都离了婚，现在不红了，由他拾了。"话不知道是不是传到了他朋友耳里！

有一天，朋友跟老刘出去，一边开车，一边笑道："我这个人，年轻的时候就盼着开奔驰车，没钱买不起，现在呀！还是买不起，只好买辆二手车。"他开的确实是辆老车，老刘左右看着说："二手？看来很好哇！马力也足。"

"是啊！"朋友大笑了起来，"旧车有什么不好？就好像我太太，前面嫁了个四川人，后来又嫁了个上海人，还在演艺圈二十多年，大大小小的场面见多了，现在，老了，收了心，没了以前的娇气、浮华气，却做得一手四川菜、上海菜，又懂得布置家。讲句实在话，她真正最完美的时候，反而都被我遇上了。"

"你说得真有理，"老刘说，"别人不说，我真看不出来，她竟然是当年的那位艳星。""是啊！"他拍着方向盘，"其实想想自己，我又完美吗？我还不是千疮百孔，有过许多往事、许多荒唐？正因为我们都走过了这些，所以两个人都成熟，都知道让，都知道忍，这种'不完美'正是一种'完美'啊！……"

"不完美"正是一种"完美"！我们老了，都锈了，都千疮百孔，总隔一阵子就去看医生，来修补我们残破的身躯，我们又何必要求自己拥有的人、事、物，都完美无瑕、没有缺点呢？

我们每一个人的生命，都被上苍划了一个缺口，虽然你不想要这个缺口，但是这个缺口却如影随形地跟着你。人生就像是一个残缺不全的圆，没有一个人的生活是圆满的，也许正是因为认识到了每个生命都有欠缺，所以我们的人生才因此而更加美丽。正如美神维纳斯的断臂，她的存在和闻名世界不能不说是一个意外。创作者的最初的意图显然是要塑造一个完美的塑像，哪个雕塑家会去追求一件残缺的艺术品来证明自己？然而，维纳斯的断臂则恰恰证明了残缺的美才是真正的完美。

人生如远行，走哪一条路都意味着放弃另一条路。不同的人生道路留下不同的缺憾，诸葛亮有诸葛亮的缺憾，贾宝玉有贾宝玉的缺憾。犹如夜幕里蕴藏着光明，缺憾之中不仅埋藏着逝去的青春和曾经的梦想，缺憾的背后还隐伏着许多生命的契机。

缺憾人生，使人类有了理想。理想，是一种可望而不可即的东西。或者说，就它的不能实现性而言才是理想。人生有缺憾，我们才有追求完美的理想和热情，也只有接受人生的缺憾性，我们才能真正理解和追求完美人生。

每个人在人生的旅途中，都会经历许多不尽如人意之事。偶然的失落与命运的错失本来是具有悲剧色彩的，但是因为命运之手的指点，结局反而会更加圆满。如果懂得了圆满的相对性，对生命的波折、对情爱的变迁，也就能云淡风轻处之泰然了。

人活一世，每个人都在争取一个完满的人生。然而，自古及今，海内海外，一个百分之百完满的人生是没有的，其实，不完满才是人生。正如西方谚语所说："你要永远快乐，只有向痛苦里去找。"你要想完美，也只有向缺憾中去寻找。所以得失荣辱我们大可不必放在心上，有了痛苦我们才会珍惜快乐的时光，有了不算完满的人生才称得上完美。

人生原来就是不圆满的，能够认识到这一点，我们便不会去苛求我们的人生，也不会去苛求他人。只有一个懂得接受的人才会更懂得去珍惜。

包容不完美，才有完美的心境

真正幸福的人生，难以圆满。"喜欢月圆的明亮，就要接受它有黑暗与不圆满的时候；喜欢水果的甜美，也要容许它通过苦涩成长的过程"，人生总是"一半一半"，在人生的乐、成、得、生中，包容不完美，才是真正完整的幸福。

"岂无平生志，拘牵不自由。一朝归渭上，泛如不系舟。"白居易曾在《适意》中这样表达过自己对自由生命的向往之情。自古以来，失意的文人墨客常常寄情于山水之间，希望能在游玩嬉戏的清逸洒脱中陶冶性情，驱除烦恼。闲来寄情山水，春鸟林间，秋蝉叶底，淙淙流水过竹林；四山如屏，烟霞无重数，荒径飞花桥自横。这般景象之中，也有叶的坠落，花的凋零，但置身其中却能拥有完美的心境。

很多人都执着于追求完美的人生，凡事要求完美固然很好，以示精益求精，更上一层楼，但星云大师却不断地给世人以警醒：有的人因小小的缺陷而全盘否定人生的意义，有的人因为小小的遗憾而将手中的幸福全部放弃，这样追求完美，有时反而因噎废食，流于吹毛求疵，不管于自己还是于他人，都是一种不必要的辛苦。

人生，永远都是缺憾的。佛学里把这个世界叫作"婆娑世界"，翻译过来便是能容忍许多缺陷的世界。这个世界本来就是有缺憾的，如果没有缺憾就不能称其为"人世间"。在这个缺憾的世间，便有了缺憾的人生。因此苏东坡词曰："月有阴晴圆缺，人有悲欢离合，此事古难全……"这是人生的实相所在。

人生实相，就如一只飘摇的生命之舟，无所牵系，却有各种承载。小船向前行进的时候，苦与乐、爱与恨、善与恶、得与失、成功与失败、聪明与愚钝……纷纷从两侧上船，它们都是生命的必然伴侣。

如此看来，生命是有缺陷的，我们不能只接受幸福的垂青，却把不和谐的因素完全屏蔽。

面对人生缺憾，星云大师主张该留有余地，他认为尽善尽美并不是绝对好，这与清人李密庵主张所谓"半"的人生哲学一样，都在告诫世人不要过度追求圆满。日本有一派禅宗书道在挥毫泼墨时总留下几处败笔，都是意在暗示人生没有百分之百的圆满完美。更有日本东照宫的设计者因为自觉太完美，恐怕会遭天谴，故意把其中一支梁柱的雕花颠倒。

"我走过阳关大道，也走过独木小桥。路旁有深山大泽，也有平坡宜人；有杏花春雨，也有塞北秋风；有山重水复，也有柳暗花明；有迷途知返，也有绝处逢生。"这是已逝的国学大师季羡林对自己人生的总结，他坦承自己的人生并不完美，但正是这种不圆满才是真正的人生。

在每个人心里都有追求完美的冲动，当他对现实世界的残酷体会得越深时，对完美的追求就会越强烈。这种强烈的追求会使人充满理想，但追求一旦破灭，也会使人充满绝望。这个世界上没有任何一种事物是十全十美的，或多或少总有瑕疵，我们只能尽最大的努力使之更加美好，却永远不可能做到完美。所以，一个智者应该明白这个道理：凡事切勿苛求，与其追求那如镜花水月一般不可触及的完美，不如勤恳务实，才会活得更加快乐。

其实，人生也正是因为有所缺失才会有所获得，就如同一个残缺的木桶，虽然每次担水回家之后你都无法获得一整桶的水，但是某一天，当你再次从这条路上经过时，也许会发现路旁各色的小花，嗅到淡淡的花香。一天、一月、一年，从残缺的木桶中滴落的泉水浇灌了路旁的草籽花粒，它们便在这残缺的遗憾中破土而出，带给人意外的美丽惊喜。

从容地接受人生中的变故

生活不是一帆风顺的，总有一些波折和惊险，也许今天让你拥有所有，明天又会让你一无所有。人生活在这个世上，或者遇到困难，或者遇到挫折，或者遇到变故，或者遇到不顺心的人和事，这些都是正常现象。然而，有的人遇到这些现象时，或心烦意乱，或痛苦不堪，或萎靡消沉，或悲观失望，甚至失去面对生活的勇气。

不可否认，当这些现象出现时，会影响人的思维判断，会刺激人的言行举止，会打击人面对生活的勇气。比如，当你在工作中受到了上司的批评后，你会情绪低落；当你在生活中遇到别人误会你时，你会感到气愤和委屈；当你失去亲人朋友时，你会悲痛至极；当你在仕途中遇到不顺时，你会怨天尤人。

这些表现也都很正常，因为人是会思维的高级感情动物，这也是区别于一切低级动物的根本。但这些表现不能过而极之，否则你会活得很累、很不开心、很不幸福。

　　人在生活中，要学会用阳光般的心态面对生活。所谓阳光心态，就是一种积极的、向上的、宽容的、开朗的健康心理状态。因为，它会让你开心、催你前进，它会让你忘掉劳累和忧虑；

　　当你遇到困难时，它会给你克服困难的勇气，它会让你相信"方法总比困难多"，让你去检验"世上无难事，只要肯登攀"的道理；

　　当你遇到不顺时，它会让你的头脑更加理性，让你不是悲观失望、而是反思自己的做事方法、做人原则，让你有则改之，无则加勉；

　　当你遇到委屈时，它会给你安慰，给你容人之度，让你的心胸像大海一样宽阔，志向像天空一样高远；

　　当你遇到变故时，它会让你化悲痛为力量，让你感受到自然规律不可违，顺其自然则是福的真谛；

　　它会让你的眼光更加深邃，洞察社会的能力更加敏锐，对待生活的态度更加自

然，面对人生的道路更加自信。

任何人对未来都会有所期待，所以每个人对生活自然也都会有所选择，既然有了选择，就要勇于为自己的选择承担一切责任。谁都希望一生有所作为并能有所成就，成就感是激励人生全力奔赴美好未来的照明灯，点亮这盏照明灯的能源就是自己付出的心血和汗水。但一时落败是不是就意味着没有作为没有成就了呢？未必，从中总结到的经验教训就是为了有所作为取得的最大成就，它同样能发出异常明亮的光辉照亮前行的道路。

所以，面对坎坷时无需烦恼，该来的总会来，再黑的夜晚也会有黎明到来的那一刻。不管生活多么曲折，只要拥有积极乐观的心态就能挺过冰冷的长夜，迎来美好的明天。

何必寻求完美，生活本身就不完美

有的人有美貌却得不到幸福，有的人有金钱却失去了亲情和爱情，有的人有智慧却失去了快乐，有的人得到梦想却没有了健康。有志未必有心，有心未必有力，有力未必有钱，有钱未必有情，有情未必有爱，有爱未必有缘，有缘未必有份，有分又未必能在一起和平相处。

追求完美当然是无可厚非的，这本身就是一种积极的生活态度。如果人人都安于现状，没有了高远的目标，失去了奋斗的动力，那么生活也就不再精彩，生命也将失去原本的意义。但是，如果过分地看重完美、过度地苛求完美，最终只会让自己伤痕累累。

苛求完美的人一般都不愿意面对自己的不足和缺点，对自己、他人都很挑剔。比如，经常让自己保持优雅的姿态、不俗的气质、温柔的谈吐，总是为自己制定过高的理想标准或为一个自认为不优雅的姿态紧张焦虑，都不是一种健康的心理。

人生不必追求完美，生命本身就是一种过程。平静的湖水，投入一颗石子，便有生动的涟漪；蔚蓝的天空，飞过一行大雁，便有深邃的意境；我们平淡的人生，需要一点波折，才会产生活力。在人生中，有一点点苦，有一点点甜，有一点点希望，也有一点点无奈，生活会更生动、更美满、更韵味悠长。

生活中根本就不存在完美。因为"完美"太抽象，太不切实际，生活是具体的，有许多遗憾也是无法避免的。假如我们在心理上接受并战胜了这些，我们的内心就会稳健许多，也会重新感受到生活的乐趣。

有缺陷的人生才是真实的人生，追求并没有错，但没必要刻意去追求，凡事顺其自然，人生就是经历，快乐地过好每一天。在个人成长的过程中，成功的感觉的确能够激励人，然而换个角度来看，虽然你有难以实现的理想，但在别人看来，你永远有使别人羡慕的地方。成功有大有小，因人而异，何况成功的定义也不同。

不要以为只要自己尽心尽力去做的事，就一定会达到完美。明白自己真正想要的是什么，不要苛求自己，也不要太在乎别人的言论，你是活在自己的心里而不是别人的眼里，要为活出自己的特色、活出自己的风格而努力。

有位渔夫从海里捞到一颗晶莹圆润的大珍珠，爱不释手，但是美中不足的是珍珠上面有个小黑点。渔夫想，如果能将小黑点去掉，珍珠将变成无价之宝。可是渔夫剥掉一层，黑点仍在；再剥一层，黑点还在；一层层剥到最后，黑点没有了，珍珠也不复存在了。

其实，有黑点的珍珠不见得不美丽，其可贵之处正在于它的浑然天成，但是如果这样苛求完美就会把原本并不完美的美好也剥除了。

这样的苛求得不偿失。

接纳所有的不幸，期盼生活的彩虹

平心而论，谁也不希望自己的生命经常忍受磨炼——折磨式的历练，哪怕真的是因此可以增加人生的美丽，也不会有人欢呼着说："啊，我多么喜欢折磨式的历练呀。"人总是向往平坦和安然的。然而，不幸的是，折磨对生命之袭来，并不以人的主观愿望为转移，无论人们喜欢与否，它只管我行我素，甚至有时还要强加于人，谁奈它何？

既然不幸是无法逃脱的，那么人们为什么不让自己振作起来去迎接这挑战呢？为什么不能把它变作某种养分去滋润自己的美丽呢？人们回避磨炼，是因为不想忍受它，当回避不了时，人们又说，磨炼原来是可以美丽人生的。既然这样，我们就主动迎战吧。

遇到一件事，如果你从乐观的方面去想，你就会有一种积极的心态，结果通常也会是好的；如果从悲观的方面去想，你的心态就会变得很消极，结果通常也是糟糕的。

生命因接纳不幸而美丽，关键在于人对磨炼认识的角度和深度。应该说，磨炼本身就具有美丽人生的功能，假若由于认识上的原因，反让磨炼把自己丑化了，这就有点儿雪上加霜的味道了，除了磨炼的起因之外，谁也不能怪。所以也并非说谁的生命都会因磨炼而美丽，人生丑陋者也大有人在。

生命因接纳不幸而美丽，不仅仅因为生命需要在磨炼中成长，主要在于磨炼对生命的不可回避性。人群之中，物欲横流，而且方向和力度又不尽相同，谁料得到何时何地就会滋生出一种针对自己的折磨来呢？料不到又必须随，随又不想使自己一蹶不振地消沉，这样经过努力，使其转化为对自己有用的能量，就成为人之不选之选。这时候的磨炼对生命来说，已变作美丽的阶梯，虽然阶梯的旁边充满荆棘，但在阶梯尽处却充满鲜花，坦然走过荆棘，就必然会置身于另外一重天地。

第五章

关键时刻忍得住，
告别容易后悔的人生

BU SHENGQI
NI JIU YING LE：
BIE RANG NI DE RENSHENG
SHU ZAI QINGXU SHANG

忍是常胜之道，是一生的修行

忍是一种修行，分为三个层次，即生忍、法忍、无生法忍。所谓"生忍"，即是忍世间众生的嗔骂毁辱。所谓"法忍"，就是安忍一切寒热、风雨、饥渴、生老病死。"无生法忍"是指对于世间上的生老病死、忧悲苦恼、功名利禄、人情冷暖等，不但不为所动，而且要能真正地认知、处理、化解和消除。

我们平时所说的"忍"指的是能够克服各种欲望，使自己的心态平和，从而获得心灵上的自在，安度一切困境。忍耐是成就人生的必要因素，学会忍耐能让一个人在清净沉寂中体会到生命的价值。人要想获得成功，必然要学会忍耐。忍耐也是一生的修行，缺少一颗忍耐之心常常使人在面对阻碍和分歧时产生情绪上的波动，最终导致事情难以圆满解决。忍耐可以作为一种保全人生的谋略，它是人生的延长线，就像一场战斗中的防御或撤退一样，是保证最终胜利的重要因素。

李忱是唐宪宗李纯的第十三子，于长庆中期被封为光王。李忱的母亲并不是一个有身份有地位的妃子，她作为当时叛臣的罪孥进宫，结果邂逅了当朝皇帝，生下了李忱，可惜在李忱的幼年，宪宗皇帝就被宦官暗杀了。

公元 820 年 2 月，李恒（李忱之兄）被宦官扶上皇位，是为唐穆宗；4 年后穆宗服长生药病逝，其子敬宗李湛接任，但他只活到 18 岁，驾崩后由其弟文宗李昂、武宗李炎相继接任。

在这长达 20 年的时间里，三朝皇叔李忱的地位既微妙又尴尬，他只能以黄老之道，韬光养晦，装傻弄痴。尽管他为人低调，不事张扬，但光王的特殊身份，还是让他逃避不了被侄儿们猜忌、排斥、挤压的命运。文宗、武宗两位皇帝更是对他心存芥蒂，非但不以礼相待，还想方设法地迫害他。公元 841 年，唐武宗登基时，李忱为避祸全身，便"寻请为僧，行游江表间"，远离了是非之地。应该说，李忱当时做出的这一抉择，当属大智若愚、达人知命的明智之举。而流放底层，阅尽人世沧桑，也为他将来修成大器提供了一个难得的机会。

法号"琼俊"的李忱虽然隐居于与世隔绝的深山之中，却没有一心向佛，忘却心中之志。他效法孔明抱膝于隆中、太公钓闲于渭水，准备待时而动。在唐武宗统治的 6 年间，他不停地通过秘密渠道打探宫内情况，积极从事夺权的活动，以实现"归去宿龙宫"的宿愿。

公元 846 年，深谙权谋、忍辱负重的李忱果然在太监们的拥戴下，从侄儿手中夺过大位，成为唐宣宗，时年 37 岁。由于他长期在民间阅世读人，深知黎民疾苦，故躬行节俭，虚怀纳谏，颇有作为，号称"大中之治"。

李忱能够忍别人所不能忍，最终厚积薄发，摆脱了原先遭遇的困境，实现了自己的目标。可见要想成大事，关键在于一个"忍"字，除了忍受外部的困苦之外，还要忍耐自己内心的孤独、空虚和寂寞。在做事业的过程中，可能会遭遇来自他人的阻碍、侮辱、轻视、毁谤，也可能遇到很多难以想象的困难，面对这一切，除了"忍"，没有别的办法。如果一味地任情绪爆发，在困难当前时撒手不干，或者一味抱怨命运的不公，最终就很可能一事无成。人生要耐得住寂寞，经得起忍耐，才能实现梦想。

肆无忌惮地发泄怒火是一种自私

人的一生其实总是在犯错和自我修正，当我们在面对别人无关紧要、无伤大雅的小错误时，没有必要揪着不放，而应该给别人一个机会、一个面子，千万不要动不动就大动干戈，乱发脾气，这是极其自私的表现。

生活中为人处世要宽容大度，能忍则忍，这样既可以提高自己的个人修养，也能避免自己下一次犯类似的错误。遇到别人芝麻大点的小过错就怒火中烧，完全不顾场合和对象，既让对方下不来台，也让彼此产生巨大的隔阂。

可以生气，但是不要肆无忌惮的发泄怒火，这样既让对方心情不快，也会让自己因怒气而终日闷闷不乐。必须让自己的怒气在时间、场合、对象方面加以节制。在对别人发脾气之前，先冷静地想一下这么做的后果是什么，如果会产生一连串的不利后果，那么最好还是收敛一下自己的脾气。

古时候有一个官员，因为上朝迟到遭到了皇帝的痛骂。这个官员心情很糟糕地回到了自己的府衙，一进堂门，这个官员就像吃了火药一样，看到桌上有一封未寄出的信件，便气不打一处来，把自己的下属叫了进来，劈头就是一阵痛骂。

下属被骂得莫名其妙，拿着未寄出的信件，走到文书跟前照样是一阵狠批。责怪他昨天没有提醒自己寄信。

文书被骂得心情恶劣至极，便找来门口的守卫，抛下一串声色俱厉的指责。守卫底下没有人可以再骂下去，他只得憋着一肚子闷气回家，看到儿子没有念书，而是在玩，于是逮住这个机会将自己的儿子教训了一顿。

儿子非常委屈，回到房间瞅见里那只大懒猫正盘踞在房门口，儿子一时怒由心中起，立即狠狠地踢了它一脚，把猫儿

给踢得远远的。

无故遭殃的猫儿，心中百思不解："我这又是招谁惹谁了？"

这个官老爷的发怒产生了"蝴蝶效应"，结果造成整个衙门沉浸在负面情绪当中，可想而知这一天的办事效率一定会非常低下。

发怒并不是一种强势的表现，反而暴露了一个人内心的虚弱。在许多场合，不可遏制的愤怒总会使人失去解决问题和冲突的良好机会。甚至有的时候一时的冲动愤怒，可能意味着高昂的代价。

某人的朋友可能无意中说错了话，刺伤了他的内心，为此，他勃然大怒，结果可能会失去一份珍贵的友情。某人生意上的客户言行举止冒犯了他，他也因此大为光火，结果，这个人可能失去一大批客户，而导致生意上的失败。愤怒会堵死一个人成功的路，经常发怒的人无异于是在给自己挖下一个个失败的陷阱。我们应该把肆无忌惮的怒火从自己的心中赶出去，同时也不要通过肆无忌惮地乱发脾气留给别人自私的印象。

沉不住气是因为修养不够

生活中，如果一个人沉不住气，那么本来能办成的事情往往也不会成功。与之相反的是，本来没有指望的事情，如果能够冷静下来进行思考和分析，那么事情很可能就有转机。有时，一些事情并非那么难以完成，我们不应该被其表象吓到，只要耐下心，沉住气，便会有意外的收获。

能够沉得住气是一种修养，拥有这种修养的人往往能够镇定自若地执掌大局面，而沉不住气的人往往因一时头脑发热，做出不恰当的行为，最后造成遗憾终生的结果。

人之所以会在生活中沉不住气，归根结底还是因为修养不够。要培养自己的修养，就要保持良好的心态，遇怒不动，遇辱能忍。在面对生活中种种的不公，甚至是感觉生活的烦躁、无聊的时候，让自己的心平静，让自己的气沉住，这都需要深厚的修养才能做到。

圣严法师开始随东初老人修行时，住在文化馆内一间很小的房间里。生活固然清苦，但他对修行与学习充满向往。然而，东初老人似乎并不急于向他传经授学。

刚刚安顿下来，东初老人却找到他说："圣严，我知道你爱好读书和写作，所以你需要更多的空间，你搬到隔壁的大房间去吧！"

圣严法师非常高兴，很快就把自己的衣物搬到了大房间里。哪知第二天东初老人就对他说："你业障太重，恐怕没有足够的福泽来享受这么大的房间。你还是搬回小房间去吧！"

虽然心中稍微有些不满，但圣严法师还是照做了。他本以为搬回小房间之后就能够随师父参禅了，但没想到东初老人又提出让他搬回大房间。

这一次，圣严法师尽量克制着自己的气恼，平心静气地对东初老人说："师父，我可以住在小房间里。"听到这话，东初老人严厉地斥责了圣严法师，并要求他遵照自己的指示。

随后的日子里，依照师父的要求，圣严法师不断地从大房间搬到小房间，又从小房间搬回大房间。他也曾表达过抗议，但出于对师徒伦理的重视，他最终还是选择服从。

终于有一天，圣严法师突然领悟到这也许正是东初老人锻炼自己心性的一种方式。于是，他不再抗议，而是心平气和地搬来搬去。当他不再犹豫，不再不满，也不再恼怒后，东初老人就让他住定不动了。

不同的人会从圣严法师的经历中看到不同的层面，有的人看到东初老人的严厉，有人看到了圣严法师修行的不易，也有的人看到了圣严法师在修行过程中心态的变化。其实，东初老人看似"折磨"的方式是在训练一个人的心性，只有真沉得住气的人，才会真正悟出真禅。佛家十分强调修行过程中的心性锻炼。这种锻炼的目的是为了降伏人心中固有的习性，将心训练得坚韧、静定。简单来讲，这就是一种加深修养的练习。涵养深厚，遇事自然冷静、沉得住气，即使外界的情况纷繁复杂，也不会失去理性和条理，更不会失去忍耐和平常心。

控制不了自己，就控制不了别人

每个成功人士都会有从被控制到控制别人的过程，如果向他们询问，在这个经历中最重要的是什么或者感受最深的是什么，他们一定会回答："要想控制别人，首先要学会控制自己。"对自己的掌控包括情绪、欲望、判断等多方面，而情绪又是最难以驾驭的因素。一个人很可能能够克制自己的欲望，能够控制自己的判断力，却很可能因为一件小事就燃起怒火。然而，控制不了自己，就控制不了别人。一个无法对自己的情绪进行有效操控，经常乱发脾气的人，就无法赢得他人的支持和帮助，最后只能让自己落得"失道寡助"的处境。

有一个脾气暴躁、容易出现情绪波动的女孩，经常因为小事和别人吵架，她的人际关系因此愈来愈紧张，在公司经常与人发生矛盾，结果男友也难以忍受她的坏脾气，和她分手了。终于有一天，她觉得自己已经处于崩溃边缘。

她向一个朋友求救。朋友建议道："你可以拥有两种思考，一种是让每件事情都在脑海里剧烈地翻搅，另一种则是顺其自然，让思想自己去决定。"说着，朋友拿出了两个透明的刻度瓶，然后分别装了一半刻度的清水，随后又拿出了两个塑料袋。女孩打

开来，发现里面分别是白色和蓝色的玻璃球。朋友说："当你生气的时候，就把一颗蓝色的玻璃球放到左边的刻度瓶里；当你克制住自己的时候，就把一颗白色的玻璃球放到右边的刻度瓶里。最关键的是，现在，你该学会控制自己的情绪，如果你不试着控制自己的情绪，你会继续把你的生活搞得一团糟。"

此后的一段时间内，女孩一直照着朋友的建议去做。后来，在朋友的一次造访中，两个人把两个瓶中的玻璃球都捞了出来。他们同时发现，那个放蓝色玻璃球的水变成了蓝色。原来，这些蓝色玻璃球是把水性蓝色涂料染到白色玻璃球上做成的，这些玻璃球放到水中后，蓝色染料溶解到水中，水就成了蓝色。朋友借机对女孩说："你看，原来的清水投入'坏脾气'后，也被污染了。你的言语举止，是会感染别人的，就像玻璃球一样。当心情不好的时候，要控制自己。否则，坏脾气一旦投射到别人身上，就会对别人造成伤害，再也不能回到以前。所以一定要控制好自己的情绪。"

女孩后来按照朋友的建议去做时，她真的不再那么暴躁了，做事情也容易理出头绪。当朋友再次造访的时候，两个人又惊喜地发现，那个放白色玻璃球的刻度瓶竟然溢出水来！慢慢地，女孩已学会把自己当成一个思想的旁观者，来看清自己的意念。一旦有了不好的想法就很快发现，情绪失控的时候就及时制止。这样持续了一年，她逐渐能够控制自己的情绪，生活也步入正轨，并重新得到了一位优秀男士的爱，美好在她的生活中逐渐展现。

女孩在朋友的建议和帮助下学会了做情绪的主人，此后她的生活就变得轻松简单。一个人如果能够在面对任何事情的时候控制住自己的情绪、欲望和恐惧，那么他也就能成为自己的王者。

在日常的人际交往中，小的摩擦、冲突不可避免，在面对这些事情的时候，控制住自己的怒火，用一个微笑、一句"对不起"来代替怒目相视、恶言恶语，往往更容易收获美好的结果。控制好了自己的情绪，也就能随之调动和感染其他人的情绪，至少，面对善人可以多一个朋友，面对恶人也可以避一份灾祸。

有一个姓范的老翁开了一家当铺。一年年底，他忽然听到门外一片喧闹声。他出门一看，原来门外有位穷邻居。站柜台的伙计就对范老翁说："他将衣服押了钱，空手来取，不给他，他就破口大骂。有这样不讲理的人吗？"

门外那个穷邻居仍然是气势汹汹，不仅不肯离开，反而坐在当铺门口。

老翁见此情景，从容地对那个穷邻居说："我明白你的意图，不过是为了度年关。这种小事，值得一争吗？"于是，他命店员找出那个典当之物，共有衣服蚊帐四五件。

老翁指着棉袄说："这件衣服抗寒不能少。"又指着外袍说："这件给你拜年用。其他的东西不急用，那就留在这里吧。"

那位穷邻居拿到两件衣服，不好意思再闹下去，于是立刻离开了。

当天夜里，这个穷汉竟然死在别人的家里。

原来，穷汉同人家打了一年多的官司，因为负债过多，不想活了。于是就先服了毒药，他知道老翁家富有，想敲诈一笔。结果老翁没吃他那一套，于是他就转移到了另外一家。

范老翁看似未卜先知的，其实不然，后来范老翁道出了其中的缘由："凡是无理挑衅的人都一定有所图谋，如果面对这些人的时候不能够控制好自己的情绪，那么灾祸就将到来。"范老翁通过有效控制自己的情绪将祸端化险为夷，如果不是这样，在面对穷汉的无理刁难时，范老翁大动干戈，与他争吵或是动起手来，那就上了穷汉的当，给自己惹了麻烦。所以要想克服生活中的不利情形或是阴谋诡计，只能通过控制自己的心性以不变应万变，才能化被动为主动。

成大事者必然有一颗冷静的心，平和的情绪，一个无法控制自己心性的人，想要去控制别人也只能是妄想。

将自己放得柔软

"以弱胜强，以柔克刚，坚强者死之徒，柔弱者生之徒。"大部分人都会认定坚硬的东西一定牢不可摧，但实际上，恰恰是那些柔软的东西才是最有效用、最具威力的。

所谓的"硬"指的是为人过于执拗，不会变通，不讲究策略。其实许多事情态度放缓和一些，语气婉转柔和一些，多一些忍耐，便可以化腐朽为神奇。生活中我们常常会遇到那些火冒三丈的人，如果这时候我们再用强硬的态度对待，无异于火上浇油。有时候，让自己变得柔软一些，反而会起到更好的效果。

同样的方式也可用在教育他人的时候，如果一味强硬地将自己的观点硬塞给对方，对方肯定会很难接受，或者表面上言听计从，心里不服气。如果换一种方式，通过侧面感化进行劝诫和教诲，往往会让一个人心服口服。每个人都会犯错，在发生错误的时候，不要一味地严词批评犯错的那个人，责难只会让犯错的人失去信心，并且产生憎恨心理，非但于事无补，反而可能造成负面效应。

有时候，"柔软"的效用很惊人，被老子称为"天下至柔"的水，年深日久，甚至能滴穿石头。可见，在特定的条件下，柔软的力量远远胜过刚强的力量。在为人处世时，过于刚硬只会让自己到底碰壁，而如果把自己放得柔软，就能够适应各种各样的环境，在面对各式各样的人时也会得心应手。

有一个人在社会上常年不得志，他来到寺庙找到禅师。

禅师听了他一路以来的历程，没有说话，只是站起来，去庭院里舀了一瓢水进来。

禅师问他："看出水是什么形状吗？"

这个人惊诧地问："水哪里还有什么形状？"

禅师不语，把瓢里的水倒进一只水杯里。

这个人突然又所悟，便说："哦，水的形状像水杯。"

禅师还是没有说话，只是把杯子里的水倒进了旁边的大碗里。那个人赶紧说："水的形状像碗。"

禅师摇摇头，捧起碗，把水倒入门外一个装着沙子的木盆里。水浸入沙子里，没了踪影。那个人呆住了，不知说什么是好。

禅师说："看见了吗？水这样溶入沙子，对于它而言，也是一生。"

这个人听后，若有所思地说："大师，您

是想跟我说，做人要像这水一样，到什么样的环境就是什么吗？就好像我们这个社会，它就是水杯，是碗，是沙子，那么人进入这个形状的环境中就得按照它的样子生存，直至消逝。"

"你说的对，也不对。"禅师微笑着走到房檐下。那个人跟了出来。

禅师说："你摸摸那块台阶，看看它有什么不一样。"

他走了过去，用手摸了一会儿，发现在台阶的一处是凹的。他说："这里有一个凹处。"

禅师说："你知道这个凹处是怎么来的吗？"

他不知道这个小小的凹处会有什么玄机。

禅师说："下雨天，雨水会顺着屋檐往下掉。而这个凹处就是雨水滴落后的结果。"

这个人顿悟，说："哦，这次我真的明白了，就算社会真的是个有形的容器，但是可以像这水一样，改变它的形状。"

禅师说："是的，就好像这个凹处，总有一天，它会变成一个洞。"

做人要像流水一般柔软，能屈能伸，靠自己一点儿一点儿的努力来改变既有的环境，实现自我的价值。人活一世，各种各样的事情会接踵而来，不懂得变通，只认死理是行不通的。讲究做人要"柔软"，不是说要我们卑躬屈膝，而是通过各种各样的聪慧方式来保全自己，从而避免受到阻碍。

一根树枝很容易被折断，但是具有柔韧性的松紧带却不容易被扯断。生活中，如果我们处处争强，要做一根坚硬的树枝，往往很容易受到伤害。而且，即使受到了伤害，外部环境也不会因此而改变。所以在必要的时候变得柔软一些，多忍耐生活的叮扰，调气忍性，才能适应环境，进而慢慢拥有改变现状的力量。

别人的批评是在帮你除尘

良药苦口，忠言逆耳。人们在生活中都会犯这样那样的错误，正是因为有了这些苦口之药和逆耳之言，才能在纷繁复杂的社会中保持进步的态势。相反，如果人们平日里听到的都是溢美、夸奖之词，就很容易变得飘飘然起来，认为那些恭维的话就是对的，自满的情绪也会慢慢滋生。

这种情绪就像是患上了一种慢性病，初期没有明显的症状，但是当疾病积累到了一定程度的时候，就已经无药可救了。所以我们要把那些批评之言当作一个拂尘，拂去心上的尘埃，保持内心的清净，防止心生"疾病"。

常言道："智者千虑，必有一失。"一个人再聪明能干的也会有小的纰漏，而面对错误人们往往会有两种态度，一种是拒不承认，然后找各种各样的理由进行反驳；另一种是主动承认错误，虚心接受别人的批评，即使别人的批评有不符合实际情况的地方，也会用缓和的态度和对方进行探讨。

一天，推销大师原一平来到一家名叫"村云别院"的佛教寺庙。原一平被请进庙内后，与寺庙住持吉田相对而坐，接下来便口若悬河、滔滔不绝地向这位老和尚介绍起投保的好处来。

老和尚一言不发，很有耐心地听他把话讲完，然后平静地说："听完你的介绍之后，丝毫引不起我投保的意愿。"原一平一下子泄了气。

老和尚接着又说："人与人之间，像这样相对而坐的时候，一定要具备一种强烈吸引对方的魅力，如果你做不到这一点，将来就没什么前途可言了。"

原一平哑口无言。

老和尚又说了一句："小伙子，先努力改造自己吧……"

原一平似有所悟。接下来，他组织了专门针对自己的"批评会"，每月举行一次，每次请五个同事或投了保的客户吃饭，目的只为让他们指出自己的缺点。

"你的个性太急躁了，常常沉不住气……""你有些自以为是，往往听不进别人的意见，这样很容易招致大家的反感……""你面对的是形形色色的人，你必须要有丰富的知识，你的常识不够丰富，所以必须加强进修，以便能很快与客户寻找到共同的话题，拉近彼此间的距离……"

一次次"批评"、一次次坐禅使这个年轻人开始像一条成长的蚕，随着时光的流逝悄悄地蜕变着。到了 1939 年，他的销售业绩荣膺全日本之最，并从 1948 年起，连续 15 年保持全日本销量第一的好成绩。

批评不一定都是坏事，善于接受别人的批评和建议的人才能成功。原一平的可贵之处在于他不仅仅虚心接纳别人的批评，而且还将此作为一种鞭策，吸收更多的批评来让自己看到身上的不足之处，用接受批评的方式除去身上的尘埃。一位哲学家说过："小人常为伟人的缺点或过失而得意。"而智者将会为别人揭露自己的缺点和过失而自豪。

在众多的批评建议中，不可能每一条都合情合理，当我们为了不合理的批评而烦恼时，完全可以换一种思维，多想想为什么别人愿意多批评我们而不是他人，这证明了我们在他们的心中占有足够重要的位置，所以他们愿意花心思和时间来为我们的前途事业着想。

批评的话语虽然不中听，但是它源自一个人的内心，是肺腑之言，所以应该感谢生活中对我们报以批评的人，是他们让我们提炼出了自身的短处和缺憾。将批评的声音当作内心的除尘剂，对于我们走向成功将会无往不利。

让争吵也变得有艺术性

争吵在生活中是再稀松平常不过的事情，大多数时候我们都可以通过忍让避免无谓的争吵，即便对方已经率先发动了"攻击"，我们也可以通过富有幽默性、艺术性的语言化解无谓的争

吵。有时候，语言的艺术性可以体现出诙谐的情趣，缓解针锋相对的紧张、去除畏惧、平息愤怒，并且能够令怒火冲天的人在听到后有所领悟。

一个可怜的、严肃的官员觉得受到了别人的侮辱，他怒气冲天，迫不及待地想报复，但一时又找不到什么方法，结果，他的行为举止好像一个小孩一样幼稚：这个官员决定去上级官员那里告状。

这个官员所受的委屈使他相信上级一定会替他当场主持公道的，但是，上级官员却以一种非常幽默的方式把这件事解决了。

事情是这样的，当另一个官员在做一个很漫长的讲话时，这个官员觉得对方占用的时间太长，就走到对方跟前低声说："你能不能快点儿……"话未说完，那个正在演讲的官员便回过头来，用严厉的口气低声呵斥他道："你最好出去。"然后仍旧继续演讲。

于是，这个受了委屈的官员走到上级官员面前说："您听见某某刚刚对我说的话了吗？"

"听见了，"上级不动声色地答着，"但是，我已经看过了有关的律例，你不必出去。"

上级避开那位官员的愤怒，用一句玩笑话化解了可能发生的争吵。他没有让自己卷入这种儿童式争吵的旋涡中去，就是因为他看出了这种争吵的无聊本质。

机智的人不仅善于以局外人的身份化解他人的争吵，而且更善于打破在与人交往时因发生矛盾而出现的僵局。反过来，被争执所困住的人往往因为固执己见，一味地钻牛角尖，或者是强词夺理，厉色疾言，这样的人总会让自己陷入无谓的争执旋涡当中。所以在面对他人的怒火时，要让自己从容镇定，使自己的语言具有艺术性，从从容容、潇潇洒洒，巧妙地缓和紧张的人际关系。

一个男人喜欢和他人诡辩，并且以此为乐事。一天将近中午吃饭的时间，这个男人的朋友深有感触地说："人是铁，饭是钢，一天不吃饿得慌。"男人接着说："这句话就不对了，据科学分析，人是可以饿七天的。"朋友说："那你饿七天看看。"男人接着说："这句话，你又错了，你也可以饿七天的。"朋友说："我才不那么傻呢。只有疯子才干这样的蠢事。"男人又说："历史上，很多当时被认作疯子的人，后人把他们看作是伟人。"男人就这样无限地推演下去，哪知他的朋友个性淳朴，不喜欢这样饶舌，后来就有点儿无法忍受了。这时男人的另一个朋友见状，凑过来对先前的朋友说："你最大的'优点'就是说错了话还不承认。"那个朋友接过话头说："你真是了解我。"说着两个朋友笑着走开了。

如果没有后来的朋友富有艺术性的插话，二人之间可能还会纠缠下去，甚至到最后双方可能还会发生争执。而后来朋友恰到好处地运用幽默的语言艺术将逐渐白热化的僵局打破，巧妙地避免了麻烦和纠纷。

其实生活中面对那些惹人厌烦的事情，没有必要较真，就像一位在百货大楼里购物的女士，她愤怒地对售货员说："幸好我没有打算在你们这儿找'礼貌'，在这儿根本找不到！"售货员沉默了一会儿说："你可不可以让我看看你的样品？"那位女士愣了一下，笑了。售货员的幽默打破了她们之间的尴尬局面。如果让矛盾激化，那么对双方又有什么好处呢？所以让争吵变得有艺术性，是化解矛盾解决纠纷的有效方法。这种方法不仅能够及时转换角度，给对方一定的台阶，还能使我们快速地摆脱争执带来的烦恼。

别把善意当恶意，把玩笑当攻击

有很多时候，身边的朋友或是不算熟识的人总会拿我们开一些玩笑，如果玩笑开过了头，或许会让我们感觉不太舒服。在这样的情况下，有些人会把它当做对方的无心之举或者是善意的玩笑，但是有些人就会对此耿耿于怀，认为这是对方对自己的人身攻击，自己必须进行有力的还击才能平复内心的怨气。

其实这些无谓的情绪波动根本没有必要，即使对方是有意为之，想要让我们在公众面前出丑、难堪，我们也应该表现得大度一些，无视这些流言蜚语。无论怎样恶劣的玩笑，我们都不妨把它当作是善意的，不去理会，用大度彰显出自己的涵养。

一位女模特事业有成，朋友们为她举行了宴会。可在宴会上，这位春风得意的小姐突然听到一个朋友正大声宣布一个她曾发誓永远不会告诉别人的秘密："她现在多苗条啊！要是你们两年前看到她是什么样子，那可就妙了。"她对那些屏息静听的人们说："她现在的身材是花了整整一个夏天进行减肥才得到的。"几个人吃吃地笑了，女模特不由得恼羞成怒。

女模特的怒火让开玩笑者和她自己都处在了尴尬之中，其实每个人身边可能都有很多这样喜欢开玩笑的朋友，他们的目的不是为了让谁处境难堪，只是为了活跃一下气氛，当事者如果一味地在意，面露愠色，就很容易使自己和他人都感到难堪。别把善意当恶意，也别把玩笑当成是对自己的攻击，很多事情过去就过去了，如果强制地追究谁对谁错，那就等于给朋友之间的情谊泼了一盆冷水。在正式的场合，就更应如此，不必过于较真地计较别人的冒犯，一笑了之比据理力争更能解决问题。

北洋政府国务总理张绍曾有一次主持国务会议，人称"荒唐鬼"的财政总长刘思远一到会场就大发牢骚说："胡景翼这个土匪，三番五次地来要钱，国家用钱养土匪，这是从哪里说起？"这时农商部次长刘定五忽然站起来说："我的意见是今天先要讨论一下财政总长的话。他既说胡景翼是土匪，国家为什么还要养土匪？我们应该请总理把这个土匪拿来法办。倘若胡景翼不是土匪，那我们也应该有个说法，不能任别人不顾事实地血口喷人。"

刘思远听了这话，涨红了脸，不能答复。整个会议陷入尴尬，静了约十分钟左右，张绍曾才说："我们还是先行讨论别的问题吧！"

"不行！"刘定五说，"我们今天一定要根究胡景翼是不是土匪的问题，这是关系国法的大问题！"

又停了几分钟，刘思远才勉强笑着说："我刚才说的不过是一句玩笑话，你何必这样认真？"

刘定五板着面孔，严肃地说："这是国务会议，不是随便说话的场合。这件事只有两个办法：一是你承认你说的话如同放屁，再一个是下令讨伐胡景翼！"

事情闹到了这一地步，在场的所有人都紧张起来。出人意料的是，刘思远总长竟跑到刘定五次长面前行了三鞠躬礼，并且连声说："你算祖宗，我的话算是放屁，请你饶恕我，好不好？"话至此，刘定五也不知所措了，只好主动把话题引向了别的方面。

尽管刘思远也觉得难堪，但是他完全不想去追究谁的责任，因为他知道如果自己一味地追究下去，这场会就没有休止了，所以他用自己的大度化解了尴尬的场面。在这种情况下，完全没有必要去追究一个人的所作所为是否别有用心，即使对方真的别有用心，同样也可以用不计较的方式，无声无息地消除对方的恶意。

不要为太多的伤害而烦恼，也不要总是冥思苦想"为什么被开玩笑的人总是我"，而应换个角度去想，自己成为朋友开玩笑的对象，证明对方心里有你这个朋友，不管对方是否是故意让你感到窘迫，或者是他们习惯于开这类玩笑，都没有必要去计较他们是否是故意的。

人生一世琐碎的事情太多太多，凡事淡然一些，别把善意当成恶意，也别把玩笑当作攻击，否则生活的负担就会越来越重。我们应该敞开自己的心扉，去接纳世间万事，将别人的每一句评价、每一个批评都当作是培养彼此情谊的动力。

不妨给别人留点儿面子

面子有关个人的荣誉，同时也会牵连到实际利益，所以许多人为了给自己争面子，面对不利的局面硬撑着，所以就有了"死要面子活受罪"的俗语。其实面子是最虚无缥缈的东西，有的人为了一时之争，将自己弄得筋疲力尽，到头来只获得了一个空的名头。虽然不能过分追求面子，为此失掉更重要的东西，但是，在平常的人际交往中，面子对每个人来说却是必不可少的。我们都不想在别人面前失了面子，所以推己及人地想，在遇到争执和矛盾时也不必咄咄逼人，而应该多给别人留点儿面子。

一家商场来了一位顾客，要求退换她给丈夫买的一套西装。她已经把衣服带回家并且穿过了，但她坚持说"绝没穿过"。

售货员检查了外衣，发现有明显干洗过的痕迹。但是，直截了当向顾客说明这一点，顾客是绝不会轻易承认的，双方可能会发生争执。于是，机敏的售货员说："我很想知道是否你们家的某位成员把这件新衣服错送到干洗店去洗过了。我记得不久前也有过同样的经历，我把一件刚买的衣服和其他衣服一起送到干洗店里干洗，回来后才发现这一点。"

顾客见售货员已经揭穿了谎言，并为她找好了台阶，就顺水推舟收起衣服走了，一切可能引发的争吵就这样巧妙化解了。

售货员正是给了顾客面子，才将一个即将爆发的争执巧妙地化解。生活中很多人都会犯各种各样的错误，为了掩饰

这些错误，衍生出了种类繁多的借口、理由和谎言。即使我们看穿了这些借口和谎言，也不妨装一装糊涂，或者用一种更委婉的方式提醒对方。如果对方是因为一时冲动做错事、说错话、得罪人，就不要一味地以牙还牙，这样会让事情变得更加严重，最后甚至导致双方撕破脸皮，反目成仇。说话做事的时候要时刻顾忌对方的面子，有时候给犯错误的人留面子，还可以使其在内心上产生愧疚感，主动改正错误。

有一位老师曾遇到过这样一件事：有个女学生向老师反映，她的一支黑色派克钢笔不见了。老师发现坐在女生旁边的那个学生神情惊慌，面色苍白。钢笔十有八九就是他拿的。当面指出吧，不给这个学生面子，肯定会伤害学生脆弱的心灵。于是，老师想了一个办法："别着急，说不定哪个同学拿错了，等会儿她在自己的桌子里找到了，一定会悄悄地还给你。"

果然，下课以后，那个拿了钢笔的同学趁旁人不在的时候，赶紧把钢笔送还到那个女同学的笔盒里。

老师为了顾及学生的面子，通过委婉的方式让那个拿别人笔的学生主动承认错误。试想一下，如果老师当时声色俱厉地指出那个学生就是偷笔的贼，将对这位学生的自尊产生多么大的伤害，从此以后同班同学或许会对其侧目而视，这对他的成长也有很大的负面影响。

在面对别人的错误时，一味地责怪只会让其错上加错，因为很多时候，责怪造成的结果是无法挽回的，不仅使被责怪者产生抵触情绪，也会给别人留下蛮横、暴力的印象。多给别人一些面子，留下一些帮助别人改正错误的台阶，懂得尊重他人的自尊心，烦扰的矛盾自然而然就被轻易地化解了。

示弱不是懦弱，而是生存的艺术

有人说这是一个竞争激烈的社会，不论在哪方面人们都必须保持向上的状态，维持自己的强势地位，这是唯一的生存法则。而事实上，我们也可以偶尔显示自己的弱点，以此谋取生存发展的一席之地。

有的人将忍耐、宽容当作一种示弱的表现，认为在对方面前低下头，自己不单单失了面子，还会让别人看不起。其实适当的示弱其实不是一种懦弱的表现，而是一种懂得为人处世的生存艺术。面对强势的对方，示弱的姿态不仅可以将矛盾最快速、最大的弱化，也能为自己日后的反击赢得机会。

明朝正德年间，朱宸濠起兵反抗朝廷。王阳明率兵征伐，一举擒获了朱宸濠，为朝廷立了大功。但是当时受正德皇帝宠信的江彬十分嫉妒王阳明的功绩，以为他夺走了自己建功立业的机会。于是，就四处散布流言："最初王阳明和朱宸濠是同党，后来听说朝廷派兵征伐，才抓住朱宸濠自我解脱。"王阳明听到这个消息之后，就与总督张永商议道："如果退让一步，把擒获朱宸濠的功劳让出去，就可以避免不必要的麻烦。假如坚持下去，不作妥协，江彬等人很可能狗急跳墙，做出伤天害理的勾当。"为此，他将朱宸濠交给张永，使之重新报告皇帝：擒获了朱宸濠，是总督军门和士兵的功劳。如此一来，江彬等人也就无话可说了。

王阳明称病到净慈寺修养。张永回到朝廷之后，大力称颂王阳明的忠诚和让功避祸的高尚之举，正德皇帝终于明白了事情的始末，就免除了对王阳明的处罚。王阳明以退让的方法，避免了飞来的横祸。

王阳明向人示弱，以退为进，不仅澄清了与自己相关的谣言，还为自己赢得了声誉。古人"示弱"的例子不胜枚举，孔子的克己复礼是忍耐，这让他的思想至今散发着理性的光辉；刘邦在起义取得基本的胜利后并没有乘胜追击，而是放低自己的姿态，广积粮、高筑墙、缓称王；与之形成鲜明对比的是楚霸王项羽，他因为太过强势、张扬，最终败给了刘邦，最终自刎于乌江。像受胯下之辱的韩信、青梅煮酒的刘备等等，这些都是先"示弱"后"示强"的典范，看似"示弱"的表现其实是为了最大的胜利做好准备。

"示弱"，也就是忍道。当自己的实力还不够强大，学识还不够渊博的时候，就不要逞强，要将自己"弱"的一面展现出来，让别人看到，这样既有可能让对手轻视、放松警惕，也有可能因此而获得智者的点拨与教诲，从而增强自己的实力。在复杂的人生道路上，既要努力进取、坚持不懈，又要懂得退守示弱，将其演化成一种生存的艺术，使狭隘的人生路变得无限的广阔。

忍压傲气不是放下骨气

俗话说：人不能有傲气，但不能无骨气。骨气是一种人格力量，它出于对美好理想的执着追求和坚定信念，可以使一个人在面对任何情况的时候保持高尚的操守。骨气是一个人的"脊梁"，越是面对沉重的苦难，越是要挺起我们的脊梁。我们之所以崇拜那些流传千古的英雄，是因为他们都有不屈的"脊梁"，不会为了一些微不足道的利益而放弃自己的原则，不会为了功成名就而牺牲自己的尊严，不会为了名垂青史而剥夺别人的幸福。

1939 年秋，圆瑛大师在上海圆明讲堂成立莲池念佛会，正在这时，忽然外面闯进几十个日本宪兵，把他抓进日本宪兵司令部。面对如狼似虎的宪兵，大师临危不惧，借三昧定力之功，摄心入静，一心念佛，并且进行绝食抗议。结果宪兵无奈，迫于社会舆论，只得释放了他。释放以后忽有一日僧来访，请他出任"中日佛教会长"，大师借病，婉言推辞，从此闭门敛心，开始了《楞严经讲义》的撰著。

新中国成立前夕，大师在中国香港、新加坡等地的弟子纷纷函电催他速离上海，飞往他国。有的还专程来劝说，对他说："不要舍不得圆明讲堂，到了南洋，我们给你造两三个比这还大的圆明讲堂。"可是，大师明确表示："我是中国人，生在中国，死在中国，绝不他往。"

　　大师坚贞不屈，坚持了民族的骨气，受到各方的钦仰；他以文弱之身抗强敌之勇气让众人折服。骨气作为完美人格的外在体现，其突出表现就是不堪忍受屈辱，不甘落后，锐意进取。庄子甘为"孤豚"、"牺牛"，甘愿逍遥物外，不愿到楚王膝前为相；屈原不忍亡国之痛，毅然投汨罗江，以身殉国。不论是庄周，还是屈原，他们的人格和骨气，都很值得称赞。

　　但是生活中，有些人却认为骨气就是时刻不妥协、不忍让。事实上，这些人身上体现的往往不是骨气而是傲气。他们取得了一点点成绩或是得到了一些夸奖之后就飘飘然起来，将自己的成绩无限放大，最后目空一切，瞧不

起任何人，而最终的结果使他们失去了很多朋友和合作伙伴，在孤立无援的情况下惨败而归。

有一个圆滚滚的鸟蛋，不知为什么，忽然从灌木丛上的鸟窝里骨碌碌地滚了出来，跌在灌木丛下厚厚的落叶上。奇怪的是它居然没有跌破，一切完好如初。

鸟蛋得意了，对着鸟窝大声笑着说："哈哈，我是一只跌不破的鸟蛋！你们谁有我这样的本事，就跳下来比试比试看！"

窝里的鸟蛋们听了，一个个探出头来看了一眼，吓得忙缩进头说："我们害怕，不敢跳呀。我们谁也没有对你刚才的行为不服气，还要比试什么呢？"

"哼！我早就料到你们没有这个胆量！"地上的鸟蛋神气地向窝里的鸟蛋们大声嘲笑起来。这只鸟蛋在地上滚来滚去，一会儿滚到一棵小草边，向小草碰了碰，小草连忙仰起身子往后让；一会儿鸟蛋又滚到一株树苗边，向树苗撞一撞，树苗也仰着身子，给它让路。

鸟蛋更得意了。它认为自己力大无比、天下无敌，更加勇气十足地在山坡上滚过来、滚过去。

窝里的鸟蛋们劝告说："小哥，刚才你只是碰到一个偶然的机会，才没有跌破的，你仍然是一只容易破碎的鸟蛋呀！这点自知之明，你总该有吧？"鸟蛋仍然挺着肚皮，神气地说，"你们刚才没看到小草和树苗吗？它们对我都要让几分，不敢跟我碰撞，难道这山坡上还有什么我不能去碰撞的吗？哈哈！"鸟蛋一阵大笑，蹦跳翻滚，想到山坡下的路边去显显威风，谁知被山坡上一块小石头挡住了去路。

鸟蛋气愤地望了小石头一眼，厉声喝道："你是什么东西？居然敢挡我的去路？想找死吗？"

小石头昂着头说："嘿，今天的太阳是从西边出来的吗？一个鸟蛋对我也如此神气起来？告诉你吧，我是一块阻挡山坡上泥沙往下滑的小石头，这里是我的岗位，我站在这里是绝不会后退一步的，你看看怎么办吧？"

鸟蛋更气愤了，仰着头对小石头说："你知道我的脾气吗？我是一个勇气十足的鸟蛋，在这山坡上是颇有名气的。小草和树苗都已经领教过我的厉害，别人怕你小石头，我可不怕。到时候，你别说我不客气啊！"

小石头也生起气来，大声说："你想对我干什么？还想打架吗？别不知天高地厚了，快滚回去吧！"

鸟蛋为了显示它的勇气，不听小石头的警告，鼓足劲，猛地一滚，向小石头冲去。只听"啪"的一声，鸟蛋碰得粉碎，流出一摊蛋汁。

这个鸟蛋因为一次侥幸的存生就以为自己是金刚不坏之身，开始骄傲起来，结果它根本上还是一个易碎的鸟蛋。其实生活中许多人和这个鸟蛋一样，因为一次偶然的成功自鸣得意，到处向人显示自己的强势，处处不退步，不忍让，凡事都想赢，却不知道这只是盲目的、目光短浅的傲气罢了。

梦想成功的人应该忍下和压住自己的傲气，放低姿态，谦虚谨慎，不能因为短暂的成功沾沾自喜，甚至高傲地打压别人。但压下傲气，并非让人凡事畏首畏尾，轻易妥协，而是说要将目光放长远，摒除傲气，用由内而发的骨气、志气坚持自己的梦想，迎战困难、接受挑战，具有不屈不挠、前仆后继、英勇奋斗的精神，获得最终的成功。

一时的忍耐，一世的快乐

　　生活中大大小小的事情，需要我们忍耐的有很多。忍耐并不是逆来顺受，屈服于生活的支配和调遣；更不是消极颓废，自信的缺失。它是信心与毅力的外延，是考验意志、检验成功的一种方式。面对生活的沟壑险阻，成功之人首先学会的便是忍耐，在忍耐中体会清心净欲的心境，学习与人相处，学会豁达开朗地生活。一个真正有修养的人在面对别人的讥讽毁谤和生活的坎坷琐碎时，不但不会气愤烦恼，反而会一笑置之，久而久之这种心境便会成为终身受用的良方。

　　星云大师曾经用"我就这样忍了一生"来形容自己。大师认为，忍耐是战胜困难的最强大力量，没有忍耐，也就没有大师这一生助益无数众生的成就，也就没有他这一世的欢喜。忍下了自己的喜怒，忍下了困苦、毁谤，忍下了欲望，也就免去了生活中的诸多纷争祸患，同时也给心灵创造了一个清静安然的空间，使自己能够一心一意地朝着目标努力，远离恶意、抱怨、烦恼，将人生过得欢喜、快乐。

佛陀住世时，舍卫城中住着一位名叫须赖的赤贫佛弟子。虽然他生活贫穷，但丝毫不把贫苦放在心上。

须赖坚苦卓绝、一心向道的愿行，使他善名远播。忉利天主释提桓因忌妒他的修行，恐怕他取代天主的位子，于是释提桓因以其神通力，化作一群人，向须赖住处走去。须赖在家突然听到门外有人谩骂嘲笑他。然而须赖丝毫不为所动，不发一语地继续禅修着。于是，这群人改以刀杖瓦石破坏须赖的住处，危害他的身体，但须赖仍然安忍于他们的迫害与侮辱，甚至对他们心怀悲悯。

两次试验都没办法动摇须赖的心志，于是释提桓因化身成另外一个人威胁须赖："倘若他们要来杀害你了，看你怎么办！"

须赖平稳的口气回答："善有善报，恶有恶报。假若有人想要将我杀了，我对他既不愤恨，也不会想报复，反而十分同情他们。因为将来他们会自作自受，得到堕落恶道的果报。"

再次失败的忉利天主释提桓因决定采用利诱的方式，他变化成许多人与一座金光闪闪的七层宝塔，诱惑须赖收下那座金塔。

"谢谢你的好意，但我自知今生的贫困乃是过去生所种下的因。假若现在又轻易接受了这座金塔，来世恐怕会更加困苦了。"

显然，财宝无法迷惑须赖的心。于是释提桓因又现另一个化人，试图以人情说服他收下价值连城的珍珠，无奈又被拒绝了；再派遣娇艳无比的天女下凡，以美貌来诱惑须赖放弃修行，同样是无功而返！

最后，释提桓因终于按捺不住了，亲自来到人间问须赖："请问究竟你所追求的目标是什么？是怎样的愿心，让你对修行如此坚定呢？忉利天主之位是大家所渴爱的，莫非你也想追求？"

须赖摇摇头说："我所衷心企求的，就只是令世间所有苦难的众生出离苦海而已，再没有别的了。"

忉利天主听到须赖的答复，深受感动，欢喜赞叹他能以无比的悲心愿力，难行能行，难忍能忍，即发愿带领诸天护持须赖的愿力及修行。

须赖修持忍辱是为了众生，而不是为自己，因此不论遭遇威逼杀害，或是名利财色，种种的顺逆境考验都无法动摇他的心志。因为对他而言，救度众生能够带来快乐欢喜，这比起他自己的尊严、

欲望都更加重要。

　　缺少忍耐的精神，常常使人难以越过艰难险阻，达成目标，同时也让人深陷烦恼之中，无法自拔。其实，当我们没有能力改变现状时，如果能够忍耐、适应，静静等待一切都过去，剩下的就是美好了。面对生活的困境，我们不要有所畏惧，在微笑中忍耐，铸造自己的勇气和智慧，忍耐一时，快乐一世。

第六章

一切阻碍都是线索，
所有陷阱都是路径

换个角度，困境本身就是出路

在美国西部的一个农场，有一个伐木工人叫刘易斯。一天，他独自一人开车到很远的地方去伐木。一棵被他用电锯锯断的大树倒下时，被对面的大树弹了回来，他躲闪不及，右腿被沉重的树干死死压住，顿时血流不止，疼痛难忍。面对自己从未遇到过的失败和灾难，他的第一个反应就是："我该怎么办？"

他看到了这样一个严酷的现实：周围几十里没有村庄和居民，10 小时以内不会有人来救他，他会因为流血过多而死亡。他不能等待，他必须自己救自己。他用尽全身力气抽腿，可怎么也抽不出来。他摸到身边的斧子，开始砍树，但因为用力过猛，才砍了三四下，斧柄就断了。他觉得没有希望了，不禁叹了一口气，但他克制住了痛苦和失望。他向四周望了望，发现在不远的地方，放着他的电锯。他用断了的斧柄把电锯弄到手，想用电锯将压着他的腿的树干锯掉。可是，他很快发现树干是斜着的，如果锯树，树干就会把锯条死死夹住，根本拉不动。看来，死亡是不可避免了。

正当他几乎绝望的时候，他忽然想到了另一条路，那就是不锯树而把自己被压住的大腿锯掉。这是唯一可以保住性命的办法！他当机立断，毅然决然地拿起电锯锯断了被压着的大腿。他终于用常人难以想象的决心和勇气，成功地拯救了自己！

人生总免不了要遭遇这样或者那样的挫折，确切地说，我们几乎每天都在经受和体验各种挫折。有时候，我们甚至会在毫不经意和不知不觉之间与挫折不期而遇。面对挫折，我们又往往会采取习惯的对待挫折的措施和办法——或以紧急救火的方式扑救挫折，或以被动补漏的办法延缓挫折，或以收拾残局的方法打扫挫折，或以引以为戒的思维总结挫折……虽然这些都是遭遇挫折之后十分需要甚至必不可少的，但毕竟是在眼睁睁看着挫折发生而又无法抢救的情况下采取的无奈之举。任凭困境无限扩大而无力改变，实在是更大的失败和遗憾。

面临坎坷与困惑时，我们不妨换一个角度去思考，也许就能走出所谓的失败，走向成功，所以说问题的关键不是有多艰难，而是我们看待失败的角度与心态。

古时候有一位国王，梦见山倒了、水枯了、花也谢了，便叫王后给他解梦。王后说："大事不好。山倒了指江山要倒；水枯了指民众离心，君是舟，民是水，水枯了，舟也不能行了；花谢了指好景不长。"国王听后惊出一身冷汗，从此患病，且愈来愈重。

一位大臣来参见国王，国王在病榻上说出了他的心事，哪知大臣一听，大笑说："太好了，山倒了指从此天下太平；水枯了指真龙现身，国王你是真龙天子；花谢了，花谢见果呀！"国王听后全身轻松，病也好了。

所以，当我们面临困惑时，如果能够静下心来，坦然面对，那么当我们从另一个出口走出去时，就有可能看到另一番天地。在我们的生活与工作中，遇到困难或是难以跨越的"坎"时，不妨尝试一下换一种思考的方式和解决办法，也许很快就能解决问题。人生的出口其实就是自己的人生蜕变，是自己理性地坦然面对问题的勇气和决心，是洒脱后的平静。

懂得变通，不通亦通

行走中的人，既要能够看到远处的山水，也要能够近看自己脚下的路。"不计较一时得失，基于全景考虑而决定的变通"，往往是抵达目的地的一条捷径。

穷则变，变则通。佛教说人生本是苦海，人生亦有妙境。生命的长途中既有平坦的大道，也有崎岖的小路，聪明的人既向往大道的四通八达，也憧憬小路上的美丽风景；生命的轮转中四季交替，既有姹紫嫣红、草长莺飞的明媚春光，也有银装素裹、万木凋零的凛凛冬日，万物生灵随着季节的轮转调整着自己的生存方式。

在生命的春天中，我们尽可以充分享受和煦的春风、温暖的阳光，而遭遇寒冬之时，要及时调整步速，不急不躁地把握住生命的脉搏。

人的一生，总要经历风雨，横冲直撞、一味拼杀的是莽士，运筹帷幄、懂得变通的才是智者。

从前有一个穷人，他有一个非常漂亮的女儿。穷人家境拮据，妻子又体弱多病，不得已向富人借了很多钱。年关将至，穷人实在还不上欠富人的钱，便来到富人家中请求他拖延一段时间。

富人不相信穷人家中困窘到了他所描述的地步，便要求到穷人家中看一看。

来到穷人家后，富人看到了穷人美丽的女儿，坏主意立刻就冒了出来。他对穷人说："我看你家中实在很困难，我也并非有意难为你。这样吧，我把两个石子放进一个黑罐子里，一黑一白，如果你摸到白色的，就不用还钱了，但是如果你摸到黑色的，就把女儿嫁给我抵债！"

穷人迫不得已只能答应。

富人把石子放进罐子里时，穷人的女儿恰好从他身边经过，只见富人把两个黑色石子放进了罐子里。穷人的女儿刹那间便明白了富人的险恶用心，但又苦于不能立刻当面拆穿他的把戏。她灵机一动，想出了一个好办法，悄悄地告诉了自己的父亲。

于是，当穷人摸到石子并从罐子里拿出时，他的手"不小心"抖了一下，富人还没来得及看清颜色，石子便

已经掉在了地上，与地上的一堆石子混杂在一起，难以辨认。

富人说："我重新把两颗石子放进去，你再来摸一次吧！"

穷人的女儿在一旁说道："不用再来一次了吧！只要看看罐子里剩下的那颗石子的颜色，不就知道我父亲刚刚摸到的石子是黑色的还是白色的了吗？"说着，她把手伸进罐子里，摸出了剩下的那颗黑色石子，感叹道："看来我父亲刚才摸到的是白色的石子啊！"

富人顿时哑口无言。

穷人的女儿通过思维的转换成功地扭转了双方所处的形势。所以很多时候与其硬来，不如作出变通更有效果。当客观环境无法改变时，改变自己的观念，学会变通，才能在绝境中走出一条通往成功的路。

生活中许多事情往往都要转弯：路要转弯，事要转弯，命运有时也要转弯。转弯是变化与变通，转弯是调整状态，也是一种心灵的感悟。生命就像一条河流，不断回转蜿蜒，才能克服崇山峻岭，汇集百川，成为巨流。生命的真谛是实现，而不是追求；是面对现实环境，懂得转弯迂回和成长，而不是横冲直撞或逃避。

高山不语，自有巍峨；流水不止，自成灵动。沉稳大气，卓然挺拔，是山的特性；遇石则分，遇瀑则合，是水的个性。水可穿石，山能阻水，山有山的精彩，水有水的美丽，而山环水，水绕山，更是人间曼妙风景。

人生处处有死角，要懂得转弯

任何事物的发展都不是一条直线，聪明人能看到直中之曲和曲中之直，并不失时机地把握事物迂回发展的规律，通过迂回应变，达到既定的目标。

顺治元年（1644年），清王朝迁都北京以后，摄政王多尔衮便着手进行武力统一全国的战略部署。当时的军事形势是：农民军李自成部和张献忠部共有兵力40余万；刚建立起来的南明弘光政权，汇集江淮以南各镇兵力，也不下50万人，并雄踞长江天险；而清军不过20万人。如果在辽阔的中原腹地同诸多对手作战，清军兵力明显不足。况且迁都之初，人心不稳，弄不好会造成顾此失彼的局面。

多尔衮审时度势，机智灵活地采取了以迂为直的策略，先怀柔南明政权，集中力量打击农民军。南明当局果然放松了警惕，不但不再抵抗清兵，反而派使臣携带大量金银财物，到北京与清廷谈判，向清求和。这样一来，多尔衮在政治上、军事上都取得了主动地位。顺治元年七月，多尔衮对农民军的打击取得了很大进展，后方亦趋稳固。此时，多尔衮认为最后消灭明朝的时机已经到来，于是，发起了对南明的进攻。当清军在南方的高压政策和暴行受阻时，多尔衮又施以迂为直之术，派明朝降将、汉人大学士洪承畴招抚江南。顺治五年（1648年），多尔衮以他的谋略和气魄，基本上实现了清朝在全国的统治。

绕圈的策略，十分讲究迂回的手段。特别是在与强劲的对手交锋时，迂回的手段高明、精到与否，往往是能否在较短的时间内由被动转为主动的关键。

美国著名企业家李·艾柯卡在担任克莱斯勒汽车公司总裁时，为了争取到10亿美元的国家贷款以解公司之困，他在正面进攻的同时，采用了迂回包抄的方法。一方面，他向政府提出了一个现实的问题，即如果克莱斯勒公司破产，将有60万左右的人失业，第一年政府就要为这些人支出27亿美元的失业保险金和社会福利开销，政府到底是愿意支出这27亿呢，还是愿意借出10亿极有可能收回的贷款？另一方面，对那些可能投反对票的国会议员们，艾柯卡吩咐手下为每个议员开列一份清单，清单上列出该议员所在选区所有同克莱斯勒有经济往来的代销商、供应商的名字，并附有一份万一克莱斯勒公司倒闭，将在其选区造成的经济后果的分析报告，以此暗示议员们，若他们投反对票，因克莱斯勒公司倒闭而失业的选民将怨恨他们，由此也将危及他们的地位。

这一招果然很灵，一些原先强烈反对给克莱斯勒公司提供贷款的议员闭了嘴。最后，国会通过了由政府支持克莱斯勒公司15亿美元的提案，比克莱斯勒公司原来要求的多了5亿美元。

俗话说："变则通，通则久。"在一些暂时没有办法解决的事情面前，我们应该学着变通，不能死钻牛角尖，此路不通就换另一条路。有更好的机会就赶快抓住，不能一条道走到黑。生活不是一成不变的，有时候我们转过身，就会发现，原来我们身后也藏着机遇，只是当时我们赶路太急，忽略了那些美好的事物。

变通，走出人生困境的锦囊妙计

变通是一种智慧，在善于变通的世界里，不存在困难这样的字眼。再顽固的荆棘，也会被他们用变通的方法铲除。他们相信，凡事必有方法去解决，而且能够解决得很完善。

一位姓刘的老总深有感触地讲述了自己的故事：

10多年前，他在一家电气公司当业务员。当时公司最大的问题是如何讨账。产品不错，销路也不错，但产品销出去后，总是无法及时收到款。

有一位客户，买了公司20万元产品，但总是以各种理由迟迟不肯付款，公司派了三批人去讨账，都没能拿到货款。当时他刚到公司上班不久，就和另外一位姓张的员工一起，被派去讨账。他们软磨硬泡，想尽了办法。最后，客户终于同意给钱，叫他们过两天来拿。

两天后他们赶去，对方给了一张20万元的现金支票。

他们高高兴兴地拿着支票到银行取钱，结果却被告知，账上只有199900元。很明显，对方又耍了个花招，他们给的是一张无法兑现的支票。第二天就要放春节假了，如果不及时拿到钱，不知又要拖延多久。

遇到这种情况，一般人可能一筹莫展了。但是他突然灵机一动，于是拿出100元钱，让同去的小张存到客户公司的账户里去。这一来，账户里就有了20万元。他立即将支票兑了现。

当他带着这20万元回到公司时，董事长对他大加赞赏。之后，他在公司不断发展，5年之后当上了公司的副总经理，后来又当上了总经理。

显然，刘总为我们讲了一个精彩的故事，因为他的智慧，使一个看似难以解决的问题迎刃而解了，因为他的变通，才使他获得不凡的业绩，并得到公司的重用。可以说，变通就是一种智慧。

学会变通，懂得思考才会有"柳暗花明又一村"的惊喜。事实也一再证明，看似极其困难的事情，只要用心去寻找变通的方法，必定会有所突破。

委内瑞拉人拉菲尔·杜德拉也是凭借这种不断变通而发迹的。在不到20年的时间里，他就建立了投资额达10亿美元的事业。

在20世纪60年代中期，杜德拉在委内瑞拉的首都拥有一家很小的玻璃制造公司。可是，他并不满足于干这个行当，他学过

石油工程，他认为石油是个赚大钱和更能施展自己才干的行业，他一心想跻身于石油界。

有一天，他从朋友那里得到一则信息，说是阿根廷打算从国际市场上采购价值 2000 万美元的丁烷气。得此信息，他充满了希望，认为跻身于石油界的良机已到，于是立即前往阿根廷，想争取到这笔合同。

去后，他才知道早已有英国石油公司和壳牌石油公司两个老牌大企业在频繁活动了。这是两家十分难以对付的竞争对手，更何况自己对经营石油业并不熟悉，资本又并不雄厚，要成交这笔生意难度很大。但他并没有就此罢休，他决定采取变通的迂回战术。

一天，他从一个朋友处了解到阿根廷的牛肉过剩，急于找门路出口外销。他灵机一动，感到幸运之神到来了，这等于给他提

供了同英国石油公司及壳牌公司同等竞争的机会，对此他充满了必胜的信心。

他旋即去找阿根廷政府。当时他虽然还没有掌握丁烷气，但他确信自己能够弄到，他对阿根廷政府说："如果你们向我买2000万美元的丁烷气，我便买你2000万美元的牛肉。"当时，阿根廷政府想赶紧把牛肉推销出去，便把购买丁烷气的投标给了杜德拉，他终于战胜了两个强大的竞争对手。

投标争取到后，他立即筹办丁烷气。他立刻飞往西班牙。当时西班牙有一家大船厂，由于缺少订货而濒临倒闭。西班牙政府对这家船厂的命运十分关心，想挽救这家船厂。

这一则消息，对杜德拉来说，又是一个可以把握的好机会。他便去找西班牙政府商谈，杜德拉说："假如你们向我买2000万美元的牛肉，我便向你们的船厂订制一艘价值2000万美元的超级油轮。"西班牙政府官员对此求之不得，当即拍板成交，马上通过西班牙驻阿根廷使馆，与阿根廷政府联络，请阿根廷政府将杜德拉所订购的2000万美元的牛肉，直接运到西班牙来。

杜德拉把2000万美元的牛肉转销出去之后，继续寻找丁烷气。他到了美国费城，找到太阳石油公司，他对太阳石油公司说："如果你们能出2000万美元租用我这条油轮，我就向你们购买2000万美元的丁烷气。"太阳石油公司接受了杜德拉的建议。从此，他便打进了石油业，实现了跻身于石油界的愿望。经过苦心经营，他终于成为委内瑞拉石油界的巨子。

杜德拉是具有大智慧、大胆魄的商业奇才。这样的人能够在困境中变通地寻找方法，创造机会，将难题转化为有利的条件，创造更多可以脱颖而出的资源。美国一位著名的商业人士在总结自己的成功经验时说，他的成功就在于他善于变通，他能根据不同的困难，采取不同的方法，最终克服困难。对于善于变通的人来说，世界上不存在困难，只存在暂时还没想到的方法。

掬一捧清泉，原来只需换个地方打井

生活有时就像打井，如果在一个地方总打不出水来，你是一味地坚持继续打下去，还是考虑可能是打井的位置不对，从而及时调整工作方案去寻找一个更容易出水的地方打井？

人生之中，每个人都具有独特的、与众不同的才能和心智，也总存在着一些更适合于他做的事业。在竭尽全力拼搏之后却仍旧不能如愿以偿时，我们应该这样想："上天告诉我，你转入另外一条发展道路上，一定能取得成功。"因为种种原因而不得不改变自己的发展方向时，也应告诉自己：原来是这样，自己一直认为这是很适合于自己的事，不过，一定还有比这个更适合自己的事。应该看到另外一条新的道路已展现在你的眼前了。

尝试着换个地方打井，也同样会觅到甘甜清冽的泉水。

有一位农民，从小便树立了当作家的理想。为此，他十年如一日地努力着，坚持每天写作。他将一篇篇改了又改的文章满怀希望地寄往远方的报社和杂志社。可是，好几年过去了，他从没有只字片言变成铅字，甚至连一封退稿信也没有收到过。

终于在29岁那年，他收到了第一封退稿信。那是一位他多年来一直坚持投稿的刊物的编辑寄来的，编辑写道："……看得出，你是一个很努力的青年。但我不得不遗憾地告诉你，你的知识面过于狭窄，生活经历也显得相对苍白。但我从你多年的来稿中却发现，你的钢笔字越来越出色……"

他叫张文举，现在是一位著名的硬笔书法家。

不管从事何种职业的人，都必须充分认识、挖掘自己的潜能，确定最适合自己的发展方向，否则有可能虚度了光阴，埋没了才能。

美国作家马克·吐温曾经经商，第一次他从事打字机的投资，因受人欺骗，赔进去19万美元；第二次办出版公司，因为是外行，不懂经营，又赔了10万美元。两次共赔将近30万美元，不仅把自己多年的积蓄赔个精光，还欠了一屁股债。

马克·吐温的妻子奥莉姬深知丈夫没有经商的才能，却有文学上的天赋，便帮助他鼓起勇气，振作精神，重新走创作之路。终于，马克·吐温很快摆脱了失败的痛苦，在文学创作上取得了辉煌的成就。

及时为人生掉个头，你会欣赏到另一种精彩绮丽的美景。

职场中，有人终日做着自己不大"感冒"的工作，牢骚满腹，却甘于如此，得过且过；有人痛下决心，果断地告别待遇不错的"铁饭碗"，去开创属于自己的天地。

据调查，有28％的人正是因为找到了自己最擅长的职业，才彻底地掌握了自己的命运，并把自己的优势发挥到淋漓尽致的程度。这些人自然都跨越了弱者的门槛，而迈进了成大事者之列；相反，有72％的人正是因为不知道自己的"对口职业"，而总是别别扭扭地做着不擅长的工作，却又不敢换个地方"打井"。因此，不能脱颖而出，更谈不上成大事了。

如果你用心去观察那些成功者，会发现他们几乎都有一个共同的特征：不论聪明才智高低与否，也不论他们从事哪一种行业，担任何种职务，他们都在做自己最擅长的事。

优秀的人在为自己的价值能够得到发挥而寻找途径的时候，所遵从的第一要务不是要求自己立即学习到新的本领，而是试图将自己身体内的原有的才能发挥到极致。这好比要使咖啡香甜，正确的做法不是一个劲儿地往杯子里面加入砂糖，而是将已经放入的砂糖搅拌均匀，让甜味完全散发出来。

当你执着于在一个地方打井的时候，却不知甘甜清冽的泉水就在你的身后。这时，为探寻真正的人生甘泉，我们需要时刻准备，去勇敢地换个地方"打井"。

从没有一艘船可以永不调整航向

　　许多人以为，学习只是青少年时代的事情，只有学校才是学习的场所，自己已经是成年人，并且早已走向社会了，因而再没有必要进行学习。剑桥大学的一位专家指出："这种看法乍一看，似乎很有道理，其实是不对的。在学校里自然要学习，难道走出校门就不必再学了吗？学校里学的那些东西，就已经够用了吗？"其实，学校里学的东西是十分有限的。工作中、生活中需要的相当多的知识和技能，课本上都没有，老师也没有教给我们，这些东西完全要靠我们在实践中边摸索边学习。

　　彼得·唐宁斯曾是美国广播公司（ABC）晚间新闻当红主播，他虽然连大学都没有毕业，但是却把事业作为他的教育课堂。在他当了3年主播后，毅然决定辞去人人艳

羡的职位，到新闻第一线去磨炼，干起记者的工作。他在美国国内报道了许多不同路线的新闻，并且成为美国电视网第一个常驻中东的特派员，后来他搬到伦敦，成为欧洲地区的特派员。经过这些历练后，他重又回到 ABC 主播的位置。此时，他已由一个初出茅庐的年轻小伙子成长为一名成熟稳健而又受欢迎的记者。

近 10 年来，人类的知识大约是以每 3 年增加一倍的速度向上提升。知识总量以爆炸式的速度急剧增长，知识就像产品一样频繁更新换代，使企业持续运行的期限和生命周期受到最严峻的挑战。据初步统计，世界上 IT 企业的平均寿命大约为 5 年，尤其是那些业务量快速增加而急功近利的企业，如果只顾及眼前的利益，不注重员工的培训、学习和知识更新，就会导致整个企业机制和功能老化，成立两三年就"关门大吉"！联想、TCL 等企业成功的经验表明：培训和学习是企业强化"内功"和发展的主要原动力。只有通过有目的、有组织、有计划地培养企业每一位员工，不断调整整个企业人才的知识结构，才能应付这样的挑战。

在知识经济迅猛发展的今天，你有没有想过，你赖以生存的知识、技能时刻都在折旧。在风云变幻的职场中，脚步迟缓的人瞬间就会被甩到后面。根据剑桥大学的一项调查，半数的劳工技能在 1 ～ 5 年内就会变得一无所用，而以前这些技能的淘汰期是 7 ～ 14 年，特别是在工程界，毕业后所学还能派上用场的不足 1/4。

这绝非危言耸听，美国职业专家指出，现在的职业半衰期越来越短，高薪者若不学习，无需 5 年就会变成低薪。就业竞争加剧是知识折旧的重要原因，据统计，25 周岁以下的从业人员，职业更新周期是人均 1 年零 4 个月。当 10 个人中只有 1 个人拥有电脑初级证书时，他的优势是明显的，而当 10 个人中已有 9 个人拥有同一种证书时，那么原有的优势便不复存在。未来社会只会有两种人：一种是忙得不可开交的人，另外一种是找不到工作的人。

所以，从没有一艘船可以永不调整航向，活到老，学到老，及时变通才是百战百胜的利器。现在知识、技能的更新越来越快，不通过学习、培训进行更新，适应性将越来越差，而企业又时刻把目光盯向那些掌握新技能、能为企业带来经济效益的人。

新世纪的发展已经表明，未来的社会竞争将不再只是知识与专业技能的竞争，而是学习能力的竞争，一个人如果善于学习，他的前途会一片光明，而一个良好的企业团队，要求每一个组织成员都是那种迫切要求进步、努力学习新知识的人。

不根据自己的需要随时调整航向的船，只会被风暴卷入失败的深渊，"活到老，学到老"不是一句空口号，只要我们认真去执行，才能及时调整自己前进的方向，不被社会淘汰。

与时俱进，随时进行自我更新

有时候，我们的想法往往会背叛我们的思维，想法和实际分离。"思维"这个词来自希腊文，最初是一个科学名词，目前多半用来指逻辑思维。不过广义而言，是指我们看待外在世界的观点。我们的所见所闻并非直接来自感官，而是透过主观的认识、感受与诠释。

无论是面对自我，还是面对世界，每个人都有一定的思维方式。例如说，在人类的思想行为中，有"5大基本问题"：

（1）我是谁？

（2）我如何成为今天的我？

（3）为什么我会有这样的思考、感受和行动？

（4）我能改变吗？

（5）最重要的问题是——怎么做？

延续这 5 大问题，我们的心灵告诉我们该怎么去认识世界、进行自我行动。所以说思维对一个人的发展来说，是至关重要的，它决定了我们对待自我、对待世界的态度。思维可以说是对于我们所能感知的世界的一个认知缩写，无论这个认知正确与否。

我们可以把思维比作地图。地图并不代表一个实际的地点，只是告诉我们有关地点的一些信息。思维也是这样，它不是实际的事物，而是对事物的诠释或理论。

很多人经常会遇到这样一种情况，到了一处陌生的地方，却发现带错了地图，结果寸步难行，感觉非常尴尬无助。同样，若想改掉缺点，但着力点不对，只会白费工夫，与初衷背道而驰。或许你并不在乎，因为你奉行"只问耕耘，不问收获"的人生哲学。但问题在于方向错误，"地图"不对，努力便等于浪费。唯有方向（地图）正确，努力才有意义。在这种情况下，"只问耕耘，不问收获"也才有可取之处。因此，关键仍在于手上的地图是否正确。我们常常嘲笑"南辕北辙"的人，却不知自己也会在错误的"心灵地图"的带领下，犯同样的错误。

在前面我们已经说过，思维不仅面对世界，还面对自我，那么"心灵地图"大致上也可分为两大类：一是关于现实世界的，这就是我们的世界观；一是有关个人价值判断的，这就是我们的价值观。我们以这些"心灵的地图"诠释所有的经验，但从不怀

疑"地图"是否正确，甚至于不知道它们的存在。我们理所当然地以为，个人的所见所闻就是感官传来的信息，也就是外界的真实情况。我们的态度与行为又从这些假设中衍生而来，所以说，世界观和价值观决定一个人的思想与行为。

自我是在不断发展的，世界也是在不断进步的，所以我们行动的世界观和价值观也应该不断地完善与进步，要随时随地来完善我们的"心灵地图"。

打个比方，现在无数的城市旧貌换新颜，尤其是近几年来发生了翻天覆地的变化，如果有人使用3年前的地图，恐怕已经找不到原来的道路，不知道如何才能找到目标了。地理如此，时空如此，何况人心呢？许多人，他们之所以感到困惑、挫折，甚至感到迷失了自我，就在于他们仍然使用着过去的"心灵地图"，仍然按照旧有的生活轨道在向前走，他们不知道这幅地图已经需要修改了。

其实，我们的思维从童年就已开始发展，经过长期的艰苦努力形成了一个认识自我和世界的自我思维方式，形成了一幅表面上看来十分有用的"心灵地图"。我们要按这幅"地图"去应对生活中的各种坎坷，寻找自己前进的道路。

但是未必有了"心灵地图"就有了正确的行动。如果这幅地图画得很正确，也很准确，我们就知道自己在哪个位置上；如果我们打算去某个地方，就知道该怎么走。如果这幅地图画得不对、不准确，我们就无法判断怎么做才正确，怎样决定才明智，我们的头脑就会被假象所蒙蔽，因为这幅图是虚假的、错误的，我们将不可避免地迷失方向。

我们不能一辈子就带着这一幅"地图"，我们应该不断地描绘它、修改它，力求准确地反映客观现实，这样我们才不会在人间这个繁华的大都市里迷路。前人诗云："流水淘沙不暂停，前波未灭后波生。"我们必须要下工夫去观察客观现实，这样画出来的"地图"才准确。但是，很多人过早地停止了描绘"地图"的工作，他们不再汲取新的信息，而自以为自己的"心灵地图"完美无缺。这些人是不幸的、可怜的，所以他们多半有心理问题。只有幸运的少数人能自觉地探索现实，永远扩展、冶炼、筛选他们对世界的理解，他们的精神生活也丰富多彩。所以，我们要不断地修改这幅反映现实世界的"心灵地图"，要不断地获取世界的新信息。如果新信息表明，原先的"地图"已经过时，需要重画，就要不畏修改"地图"的艰难，勇敢地进行自我更新。

执着与固执只有一步之遥

中国人常说："人活一张脸，树活一层皮。""面子"的地位之重在我们的传统道德观念中可见一斑。可以说，中国社会对人的约束主要就是廉耻和脸面，然而若因此就固执地以面子为重，养成死要面子的人生态度却不是件好事。

有一个人做生意失败了，但是他仍然极力维持原有的排场，唯恐别人看出他的失意。为了能重新振兴起来，他经常请人吃饭，拉拢关系。宴会时，他租用私家车去接宾客，并请了两个钟点工扮作女佣，佳肴一道道地端上来，他以严厉的眼光制止自己久已不知肉味的孩子抢菜。

前一瓶酒尚未喝完，他已打开柜中最后一瓶 XO。当那些心里有数的客人酒足饭饱告辞离去时，每一个人都热情地致谢，并露出同情的眼光，却没有一个人主动提出帮助。

希望博得他人的认可是一种无可厚非的正常心理，然而，人们总是希望获得更多的认可。所以，人的一生就常常会掉进为寻求他人的认可而活的爱慕虚荣的牢笼里面，面子左右了他们的一切。

70 多年前，林语堂先生在《吾国吾民》中认为，统治中国的"三女神"是"面子、命运和恩典"。"讲面子"是中国社会普遍存在的一种民族心理，面子观念的驱动，反映了中国人尊重与自尊的情感和需要，但过分地爱面子却得不偿失。

有一个博士分到一家研究所，成为学历最高的一个人。

有一天他到单位后面的小池塘去钓鱼，正好正、副所长在他的一左一右，也在钓鱼。他只是微微点了点头：这两个本科生，有啥好聊的呢。

不一会儿，正所长放下钓竿，伸伸懒腰，蹭蹭蹭从水面上箭步如飞地走到对面上厕所。博士眼睛睁得都快掉下来了。水上漂？不会吧！这可是一个池塘啊。正所长上完厕所回来的时候，同样也是蹭蹭蹭地从水上回来了。怎么回事？博士生又不好去问，自己是博士生哪！

过了一阵，副所长也站起来，走几步，蹭蹭蹭地掠过水面上厕所。这下子博士更是差点儿昏倒：不会吧，到了一个江湖高手云集的地方？博士生也内急了。这个池塘两边有围墙，要到对面厕所非得绕十分钟的路，而回单位上又太远，怎么办？博士生也不愿意问两位所长，憋了半天后，也起身往水里跨：我就不信本科生能过的水面，我博士生不能过。只听"咚"的一声，博士生栽到了水里。

两位所长将他拉了出来，问他为什么要下水，他问："为什么你们可以走过去呢？"两所长相视一笑："这池塘里有两排木桩子，由于这两天下雨涨水正好在水面下。我们都知道这木桩的位置，所以可以踩着桩子过去。你怎么不问一声呢？"

上面的这个例子再经典不过了，一个人过于爱惜面子，难免会流于迂腐。"面子"是"金玉在外，败絮其中"的虚浮表现，刻意地张扬面子，或让面子成为横亘在生活之路上的障碍，终有一天会吃到苦头。因此，无论是人际交往方面还是在事业上，我们都不要因为小小的面子，为自己的生活带来不必要的麻烦和隐患。其实"面子观"是一种死守面子、唯面子为尊的价值观念和行事思想。"面子观"对我们行事做人有很大的束缚。因此，在不利的环境下我们要勇于说"不"，千万别过多地考虑面子，使自己陷入"面子观"的怪圈之中。

事实上，我们没必要为了面子而固执地使自己显得处处比别人强，仿佛自己什么都能做到。每个人都有缺陷，不要试图每一方面都优秀。聪明的人，敢于承认自己不如人，也敢于对自己不会做的事说不，所以他们自然能赢得一份适意的人生。

执着，让我们赢得了通往成功的门票，而固执，让我们在死不认输时，输掉了整个人生。所以，正确剖析自己，敢于承认技不如人，放下不值钱的面子，走出面子围城，这不是软弱，而是人生的智慧。

果敢放弃，不留丝毫犹豫和留恋

鲁迅曾说："其实世上本没有路，走的人多了，也便成了路。"生活中，只会盲从他人，不懂得另辟蹊径者，将很难赢取成功和荣耀。

人生的道路有千万条，条条大路都能通罗马，每条路都是我们的选择之一。所以一旦这条路行不通，不要犹豫，立即换一条路。行行出状元，在无力接受某一课程时，千万不要勉强自己，否则只会越来越糟，耽误时间不说，还误了美好的前程。

一位叫王丽的姑娘，长得端庄、秀丽，她表姐是外企职工，收入颇高，工作环境也很好，她对王丽的影响很大。王丽也想像表姐一样去外企工作，过上优越的生活。无奈她的外语水平太差，单词总是记不住，语法也总是弄不懂。马上就要高考了，她想报考外语专业，可越着急越学不好。她整天想着白领阶层的生活，不知不觉沉浸其中。

她一心学外语，其他科目全部放弃。由于只有一条路，她更担心考不上外语系。整天就想着考上以后的生活，或考不上又怎么办，全无心思学习。

"白日梦"是青春期男女常见的心理现象。整天沉醉于其中的人，都是些对现状不满意又无力改变的人。因为"白日梦"可以使人暂时忘记不如意的现实，摆脱某些烦恼，在幻想中满足自己被人尊敬、被人喜爱的需要，在"梦"中，"丑小鸭"变成了"白天鹅"。

做美好的梦，对智者来说是一生的动力，他们会由梦出发，立即行动，全力以赴朝着美梦发展，一步步使梦想成真。但对于弱者来说，"白日梦"是一个陷阱，他们在此处滑下

深渊，无力自救。

如何走出深渊呢？首先，要有勇气正视不如意的现实，并学会管理自己。这里教给你一个简单而有效的方法，就是给自己制定时间表。先画一张周计划表，把一天至少分为上午、下午和晚上三格，然后把你在这一周中需要做的事统统写下来，再按轻重缓急排列一下，把它们填到表格里。每做完一件事情，就把它从表上划掉。到了周末总结一下，看看哪些计划完成了，哪些计划没有完成。这种时间表对整天不知道怎么过的人有独特的作用，因为当你发现有很多事情要做，做完一件事就有一种踏实的感觉时，就比较容易把幻想变为行动了。你用工作挤走了幻想，并在工作中重塑了自己，增强了自信。

其次要有敢于放弃的勇气和决心，梦再美好，也只是梦。与其在美梦中遐想，不如走出一条适合自己的路。因此该放弃的就放弃，千万不要有丝毫的犹豫和留恋，要迅速踏上另一条通向罗马的路。

失败时，我们不妨换个角度思考

人生总免不了要遭遇这样或者那样的失败。确切地说，我们几乎每天都在经受和体验各种失败。有时候，我们甚至会在毫不经意和不知不觉之间与失败不期而遇。面对失败，我们又往往会采取习惯的对待失败的措施和办法——或以紧急救火的方式扑救失败，或以被动补漏的办法延缓失败，或以收拾残局的方法打扫失败，或以引以为戒的思维总结失败……虽然这些都是失败之后十分需要甚至必不可少的，但却是在眼睁睁看着失败发生而又无法抢救的情况下采取的无奈之举。任凭失败一路前行而无力改变，实在是更大的失败和遗憾。

在美国西部的一个农场，有一个伐木工人叫刘易斯。一天，他独自一人开车到很远的地方去伐木。一棵被他用电锯锯断的大树倒下时，被对面的大树弹了回来，他躲闪不及，右腿被沉重的树干死死压住，顿时血流不止，疼痛难忍。面对自己伐木史上从未遇到过的失败和灾难，他的第一个反应就是："我该怎么办？"

他看到了这样一个严酷的现实：周围几十里没有村庄和居民，10 小时以内不会有人来救他，他会因为流血过多而死亡。他不能等待，必须自己救自己。他用尽全身力气抽腿，可怎么也抽不出来。他摸到身边的斧子，开始砍树。但因为用力过猛，才砍了三四下，斧柄就断了。他真是觉得没有希望了，不禁叹了一口气，但他克制住了痛苦和失望。他向四周望了望，发现在不远的地方，放着他的电锯。他用断了的斧柄把电锯弄到手，想用电锯将压在腿上的树干锯掉。可是，他很快发现村干是斜着的，如果锯树，树干就会把锯条死死夹住，根本拉动不了。看来，死亡是不可避免了。

然而，正当他几乎绝望的时候，他忽然想到了另一条路，那就是不锯树而把自己被压住的大腿锯掉。这是唯一可以保住性命的办法！他当机立断，毅然决然地拿起电锯锯断了被压着的大腿。他终于用难以想象的决心和勇气，成功地拯救了自己！

失败时，我们不妨换一个角度去思考，也许就会走出所谓的失败，走向成功，所以说问题的关键不是失败，而是我们看待失败的心态。

古时候有一位国王，梦见山倒了、水枯了、花也谢了，便叫王后给他解梦。王后说："大事不好。山倒了指江山要倒；水枯了指民众离心，君是舟，民是水，水枯了，舟也不能行了；花谢了指好景不长了。"国王听后惊出一身冷汗，从此患病，且愈来愈重。一位大臣要参见国王，国王在病榻上说出了他的心事，哪知大臣一听，大笑说："太好了，山倒了指从此天下太平；水枯了指真龙现身，国王你是真龙天子；花谢了，花谢见果呀！"国王听后全身轻松，病也好了。

所以，当我们失败时，如果能够静下心来，坦然面对，那么在我们从另一个出口走出去时，就有可能看到另一番天地。在我们的生活中与工作中，遇到困难或是难以跨越的"坎"时，不妨尝试一下换一种思考的方式，你也许很快就会解决问题。人生的出口其实就是自己的人生蜕变，是自己坦然面对问题的勇气和决心，是洒脱后的平静，而这条路已经离你越来越近了，很快就能看到宽广的大道，从此，心将不在迷路。

跌倒后不急于站起来

一位成功人士曾这么说："人生是一个积累的过程，你总会摔倒，即使跌倒了也要懂得抓一把沙子在手里。"记得一定要抓一把沙子在手里，只有这样才有摔倒的意义。

田中光夫曾在东京的一所中学当校工，尽管周薪只有 50 日元，但他十分满足，很认真地干了几十年。就在他快要退休时，新上任的校长认为他"连字都不认识，却在校园工作，太不可思议了"，将他辞退了。

田中光夫苦恼地离开了校园。像往常一样，他去为自己的晚餐买半磅香肠，但快到山田太太的食品店门前时，他猛地一拍额头——他忘了，山田太太已经去世了，她的食品店也关门多日了。而不巧的是，附近街区竟然没有第二家卖香肠的。忽然，一个念头在他的心头闪过——为什么我不开一家专卖香肠的小店呢？他很快拿出自己仅有的一点儿积蓄接手了山田太太的食品店，专门卖起香肠来。

因为田中光夫灵活多变的经营，5 年后，他成了声名赫赫的熟食加工公司的总裁，他的香肠连锁店遍及了东京的大街小巷，并且是产、供、销"一条龙"服务，颇有名气的"田中光夫香肠制作技术学校"也应运而生。

一天，当年辞退他的校长得知这位著名的董事长只会写不多的字时，便打来电话称赞他："田中光夫先生，您没有受过正规的学校教育，却拥有如此成功的事业，实在是太了不起了。"

田中光夫由衷地回答："十分感谢您当初辞退了我，让我摔了个跟头，从那之后我才认识到自己还能干更多的事情。否则，我现在肯定还是一位周薪 50 日元的校工。"

跌倒并不可怕，关键在于我们将如何面对跌倒。如果我们经受不住跌倒的打击，悲观沉沦，一蹶不振，那么跌倒便成了我们前进的障碍和精神的负荷。如果我们将跌倒看成是一笔精神财富，把跌倒的痛苦化作前进的动力，那么跌倒便是一种收获。

瑞典电影大师英格玛·伯格曼是最具影响力的电影导演之一，他同样也重重地跌倒过。

1947 年，电影《开往印度的船》杀青后，出道不久的伯格曼自我感觉棒极了，认定这是一部杰作，"不准剪掉其中任何一尺"，甚至连试映都没有就匆忙首映。结果可想而知，糟透了！伯格曼在酒会上将自己灌得不省人事，次日在一幢公寓的台阶上醒来，看着报纸上的影评，惨不堪言。

这时，他的朋友幽默地说了一句话："明天照样会有报纸。"

此话让伯格曼深感安慰。明天照样会有报纸，冷嘲热讽很快都会过去的，你应该争取在明天的报纸上写下最新最美的内容。

伯格曼从失败中吸取了教训，在下一部电影的制作中，只要有空就去录音部门和冲印厂，学会了与录音、冲片、印片有关的一切，还学会了摄影机与镜头的知识。从此再也没有技术人员可以唬住他，他可以随心所欲地达到自己想要的效果。一代电影大师就这样成长起来了。

有时，我们虽然没有收获胜利，但我们收获到了经验和教训。失败让我们真正了解了世界，失败也让我们重新认识了自己。失败虽然给我们带来了痛苦和悲伤，但失败也给我们带来了深刻的反思和启迪。

在日益激烈的竞争压力下，公司每天都在面对着新的变化，每天都可能出现新的危机。如果一个公司不能积极应变，解决危机，将是很难立足于市场的。危机不仅会突如其来地降临在一家公司的身上，同样地，个人也每时每刻都有潜在的危机可能出现。人生有高潮，也就会有低潮。有时候危机会成为一种打击，将你击倒在地，但是你千万不要就此一蹶不振。相反，你应该勇敢地站起来，因为当你站起来之后，你会发现：危机已经走远。如果你站不起来的话，危机将永远压在你的身上。危机就像是闪电，它可以将你一时击晕，使你昏迷在地，但是醒来之后，你依旧可以顶天立地，而这时雷电早已消散无踪。

跌倒了也要抓一把沙子的人，便领会了重新站起走向成功的真谛。